JN173516

The Encyclopedia of Parasites
All about their mysterious life

寄生蟲図鑑

ふしぎな世界の住人たち

目黒寄生虫館㊎
大谷智通㊔ 佐藤大介㊏

講談社

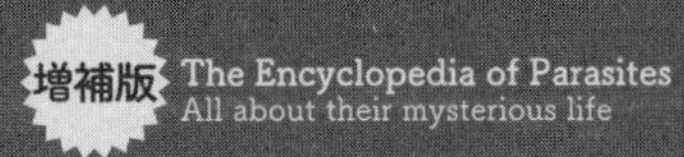

寄生蟲図鑑

ふしぎな世界の住人たち

ようこそ、
世界で一番美しい寄生虫の
ビジュアルブックへ

1950年代、ほとんどの日本人はおなかの中に寄生虫を持っていました。そんな頃に目黒寄生虫館は創設されました。しかし、当時はごくわずかのマニアが来館するくらいのものでした。それから半世紀、先人たちの努力が実り、現在の日本人からは多くの寄生虫が劇的に姿を消してしまいました。にもかかわらず、寄生虫館は毎日のように賑（にぎ）わっています。人体寄生虫が問題であった頃は来館者が少なかったのに、ほとんど姿を消してしまってから寄生虫が注目されるようになったということを、どう理解すればよいのでしょう。最大の理由は、寄生虫がむしろ身近な存在ではなくなってしまったからではないでしょうか。「噂に聞く寄生虫とは、どんなものか見てみたい」「寄生虫館にはその実物が展示されているそうだ」というように、来館者は非日常の世界をのぞきに来ているのかもしれません。

ただ、数は減っても日本ではまだまだ寄生虫病が発生していることを忘れないでほしいと思います。広く世界を見渡すと、寄生虫問題は依然として深刻です。マラリア、住血吸虫、フィラリア、赤痢アメーバ……。流行地に出かけた日本人がこうした寄生虫に感染することも多いので要注意です。

寄生虫に感染するのは人間だけではありません。おそらくすべての動物は寄生虫を持っています。意外に思うかもしれませんが、寄生される動物（宿主（しゅくしゅ）といいます）より寄生虫のほうが確実に種類が多いのです。単に種類が多いというだけではなく、寄生虫の一生（生活環といいます）も種類によって非常に多彩です。フタゴムシが成熟するためにパートナーを見つけて行う合体、ロイコクロリジウムが宿主の貝を鳥に食べられるようするために取る驚くべき行動、日本海裂頭条虫（にほんかいれっとうじょうちゅう）（サナダムシ）の気の遠くなるほど膨大な産卵数などは、私たちの想像をはるかに超えるものです。寄生虫に寄生する動物だって珍しくありません。寄生虫はみな独自の戦略を立てて進化してきたのです。その多様さに寄生虫の尽きない面白さがあります。

不思議な寄生虫はまだまだたくさんいます。

本書に紹介されているのは、そのほんの一部です。

公益財団法人 目黒寄生虫館
名誉館長 小川和夫
Ogawa Kazuo

増補版 寄生蟲図鑑 ふしぎな世界の住人たち

Contents

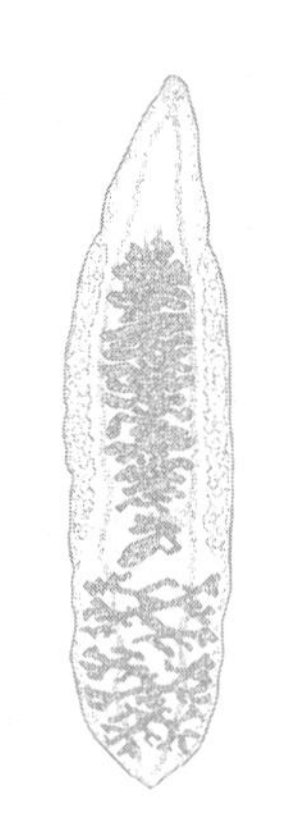

ようこそ、世界で一番美しい
寄生虫のビジュアルブックへ 002

環形動物

鼻穴のかくれんぼ | ハナビル 010

無駄に凄い凍結耐性 | ヌマエラビル 012

扁形動物・鉤頭動物

カエルの脚の大改造 | リベイロイア(幼虫) 016

(パラサイト・コラム) 寄生虫と宿主 019

カタツムリをゾンビにして操る虫 | ロイコクロリジウム 020

淡水魚に潜む食通キラー | 肝吸虫 022

我、天然アユと共にあり | 横川吸虫 024

日本が世界で唯一克服した“血の中に住む”寄生虫 | 日本住血吸虫 026

死が二人を分かつまで | フタゴムシ 030

高級魚を襲う吸血鬼 | ヘテロボツリウム 032

親子三代、仲良く一緒に | 三代虫 034

古生代から寄り添って～二つの大発見～ | シーラカンスの寄生虫 036

「そいつ」はキツネと共にやって来た | エキノコックス 040

驚異の体長十メートル、寄生虫界最大級の虫 | サナダムシ 042

生のブタ肉にご用心 | 有鉤条虫(ゆうこうじょうちゅう) 044

ダンゴムシを操るとげとげ頭 | プラギオリンクス 047

線形動物(せんけいどうぶつ)・類線形動物(るいせんけいどうぶつ)

幼少の、夏の、悪夢。 | ハリガネムシ 052

行き着いた先での不幸 | アニサキス 054

足から出てくる長い"ヒモ" | メジナ虫 056

屈辱のキューピーさん | ギョウチュウ 058

理想の大人になりたくて | クラシカウダ 060

空から愛犬に襲いかかる"そうめん" | イヌ糸状虫 062

マツを枯らす異種タッグ | マツノザイセンチュウ 064

今後ともヨロシク…… | カイチュウ 066

「ぼくのともだち」のともだち | アライグマ回虫 068

節足動物（せっそくどうぶつ）

残酷なるゴキブリ・キラー | エメラルドゴキブリバチ 072

ヒトの皮ふから出づるハエ | ヒトヒフバエ 076

ヒグラシの鳴く頃に | セミヤドリガ 078

今夜は寝かさないんだから！ | 南京虫（なんきんむし） 080

寄生虫界随一の運動能力 | ヒトノミ 082

あなたの顔にもきっといる | ニキビダニ 084

一度咬（か）み付いたら、満足するまで放さない | タカサゴキララマダニ 086

アサリの簒奪者（さんだつしゃ） | カイヤドリウミグモ 088

クジラに乗って、共に旅する海 | クジラジラミ 091

宿主の体表に降ろす「碇（いかり）」 | イカリムシ 094

眼も触角も脚も捨て去って | ホタテエラカザリ 096

奪われたカニの青春 | フクロムシ 098

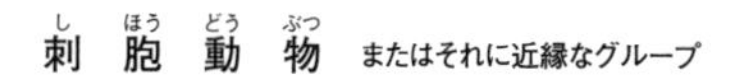

超寄生虫（ハイパーパラサイト） 寄生虫に寄生する生物 101

こいつがいたら「アタリ」 | タイノエ 102

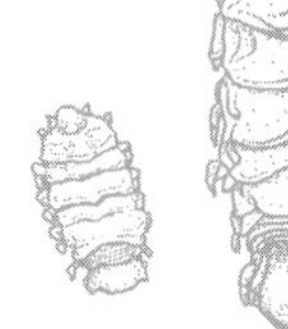

刺胞動物（しほうどうぶつ） またはそれに近縁なグループ

キャビアを貪（むさぼ）るグルメなクラゲ | ポリポジウム 106

宿主を交互に乗り換える、ミステリアスな寄生虫｜粘液胞子虫 108

原生生物

mal=悪い、aria=空気｜熱帯熱マラリア原虫 112

ネコとの危険な情事｜トキソプラズマ 115

脳を喰らう殺人アメーバ｜フォーラーネグレリア 119

悪魔はハエに乗って来れり｜ガンビアトリパノソーマ 122

一つの点が死を招く｜淡水白点虫 124

ピエロ顔した憎いやつ｜ランブル鞭毛虫 126

中身を吸い取る恐怖の螺旋｜寄生性渦鞭毛藻 128

植物・菌類

腐臭の漂う超巨大花｜ラフレシア・アーノルディ 132

あなた以外のことは考えられません｜ナンバンギセル 134

虫から草への輪廻転生｜冬虫夏草 136

草木に這い寄る縮れ麺｜ネナシカズラ 138

参考文献 141

寄生虫とは

同じ場所に異なる種類の生物が生活するとき、
強い種が弱い種を撃退したり、捕食したり、あるいは仲良く協力したり、
他の種を利用したりする関係が生まれる。寄生虫は生涯、あるいは一時期、
他種動物（宿主）の体表や体内にとりついて、宿主から食物をせしめる。
寄生虫は宿主なしでは生きていけない。宿主に害を与えることもあるが、
致命的な害を与えるような生き方は自らの命も危うくするので、
ふつう寄生虫は宿主を殺さない。

環形動物(かんけいどうぶつ)

前後に長い体を持ち多数の体節からなる動物。その体腔は体節ごとの隔膜で仕切られている。現在約一万五千種が知られている。

ハナビル

Dinobdella ferox

分類：ヒル類
体長：幼虫5～10mm、成虫100～200mm
宿主：哺乳類
分布：東アジア、東南アジア

鼻穴のかくれんぼ

山歩きが好きなその男が鼻に違和感を覚えたのは、大分県の山中にある秘湯に入り、谷川の清水で顔を洗ってからひと月ほどがたった頃だった。鼻の中の異物感からはじまり、たびたび出る鼻血と大量の鼻水にさいなまれているうちに、男は自分の鼻の中に何か得体の知れない生き物が棲み着いていることに気づいた。しばしば鼻穴から体をのぞかせるその生き物を手やピンセットで取り出そうとしたが、ぬるぬるした体のせいでうまくいかない。ついには水を張った洗面器に顔を浸し、その生き物が出てきたところを素早くタオルでつかんで強引に引きずり出した。鼻がもげるような痛みと共に姿を現したのが――ハナビルである。

ハナビルはアジア各地に広く分布する吸血性のヒルだ。乳白色の幼虫が川や渓流といった水辺で野生動物を待ち構えていて、水を飲みにきた宿主の鼻穴に素早く侵入し、そのまま鼻腔で吸血しながら成長する。宿主の血液から栄養分を得て十分に成長すると、宿主が水を飲む際に水中に脱出して自由生活をするようになる。

ハナビルは人里離れた山あいの水場を棲息域としているため、本来はシカやウマ、サル、ネズミといった野生の哺乳類を宿主としているが、そこにヒトがいればヒトにも寄生する。寄生された初期に自覚症状はほとんどないが、ヒルが成長して大きくなるにつれて異物感や痒みが出てくる。ヒルの唾液には抗血液凝固物質が入っているので、吸血跡からの血がなかなか止まらず、鼻からの大量出血によって貧血を起こすこともある。また、口から入ったハナビルが喉や気管に吸着すると声がれや呼吸困難を引き起こす。近年、山でのハイキングや天然温泉・秘湯めぐりがブームとなり、多くの人が盛んに渓谷に分け入るようになった。ヒトがハナビルに遭遇する機会はますます増えていくだろう。ハナビルが次に寄生するのはあなたの鼻の穴かもしれない。

ヌマエラビル

Ozobranchus jantseanus

分類：ヒル類
体長：10～15mm
宿主：イシガメ、クサガメ
分布：日本、中国

無駄に凄い凍結耐性

研究者は何かの間違いだと思ったし、信じられなかった。そのクサガメはマイナス80℃の超低温で半年間にわたって冷凍されていた。研究に使うために解凍されたが、カメの死体の表面で生命活動を再開した生き物がいたのである。それが、ヌマエラビルだ。

ヌマエラビルは体の側面から出た11対のふさ状になったエラが特徴的な、淡水産のカメの外部寄生虫である。特筆すべきは低温への耐性だ。先に書いたように、マイナス80℃で半年間冷凍されたカメの体表で生きながらえていたのである。

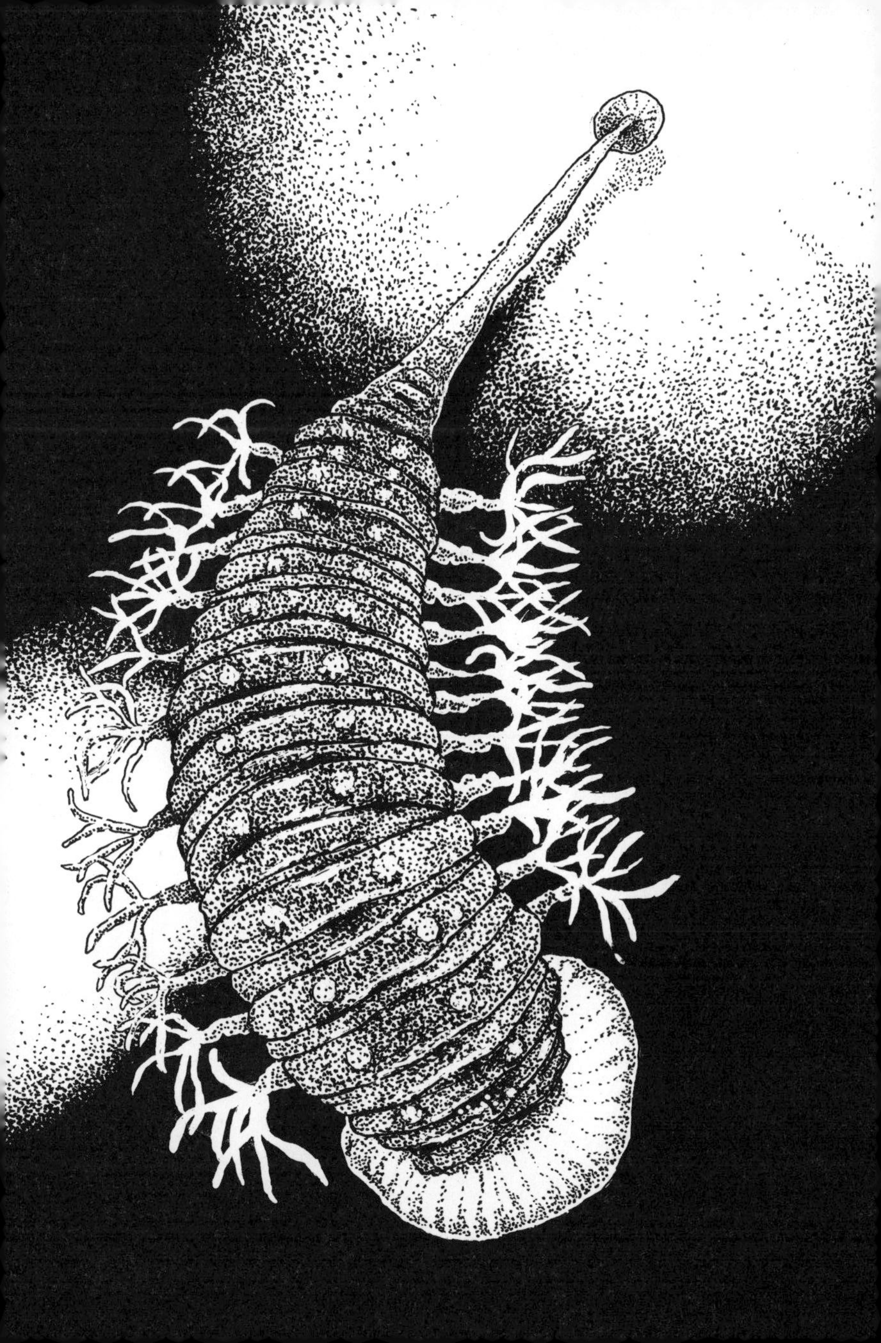

多くの生物は氷点下の温度に長時間さらされると体内の水分が凍結して死んでしまうが、ある種の生物は凍結への耐性を有している。南極に棲息する線虫や耐性強度の高さで知られるクマムシなどがそうだ。しかし、それらが低温環境に自らの体を順応させるためにある程度の準備期間を必要とするのに対し、ヌマエラビルは急速に冷却されても平気で、かつ生存率も圧倒的に高いというのだ。

ヌマエラビルはマイナス196℃の液体窒素に24時間さらされても、マイナス90℃で32カ月間冷凍されても、マイナス100℃と20℃の間で凍結と解凍のサイクルを最大12回繰り返されても生存していたという。この驚異の凍結耐性のメカニズムはまだ解明されていないが、実験を行った研究者は「ヌマエラビルはこれまでに報告されている生物の中で最も頑強な凍結耐性を持っている」と報告している。

ヌマエラビルは淡水産のカメを宿主とするが、当然カメはそんな冷温下では生きていられない。地球における最低気温は南極で記録されたマイナス93.2℃であるから、マイナス196℃まで耐えられるヌマエラビルの能力は地球上の生物として完全にオーバースペックだ。

この凍結耐性が存分に生かせる環境はもはや宇宙にしかない。太陽から数えて6番目の惑星である土星の表面温度が約マイナス180℃である。ヌマエラビルは地球を飛び出し、宇宙に進出しようとでもしているのだろうか。

扁形動物・鉤頭動物

【扁形動物】背腹に扁平で体節構造を持たない動物。現在約三万種が知られている。

【鉤頭動物】細長い紡錘形か筒形の体で、先端に鉤の並列した吻を持つ動物。消化管を持たず体表から養分を吸収する。

リベイロイア（幼虫）

Ribeiroia ondatrae

分類：吸虫類

体長：セルカリア0.8mm、成虫1.6〜3mm

第一中間宿主：淡水産巻貝
第二中間宿主：カエル
終宿主：鳥類

分布：北米

カエルの脚の大改造

寄生虫は自らの種を存続させるためならなんだってする。宿主の行動を操る寄生虫もいれば、その外見を大改造する寄生虫もいる。吸虫のリベイロイアは後者の筆頭だ。

この吸虫はそのライフサイクルの最終目的地として、血液で満ちあふれ栄養の豊富な水鳥の体内を選んだ。しかし、水の中に落ちた卵から発生して巻貝に寄生するリベイロイアの幼生は、どうやって空を飛ぶ鳥の体内に侵入すればいいのだろうか？　進化の試行錯誤の末にこの吸虫は見事な解決策を発見した。それが、巻貝から水鳥までの移動に「乗り捨てのタクシー」を使うことである。「タクシー」となるのはカエルだ。

水中で卵から発生したリベイロイアの幼生はまず巻貝に寄生する。そこで遊泳能力をもったセルカリアという形態に変化し、今度は近くにいるオタマジャクシに寄生して後脚ができる部分に潜り込む。

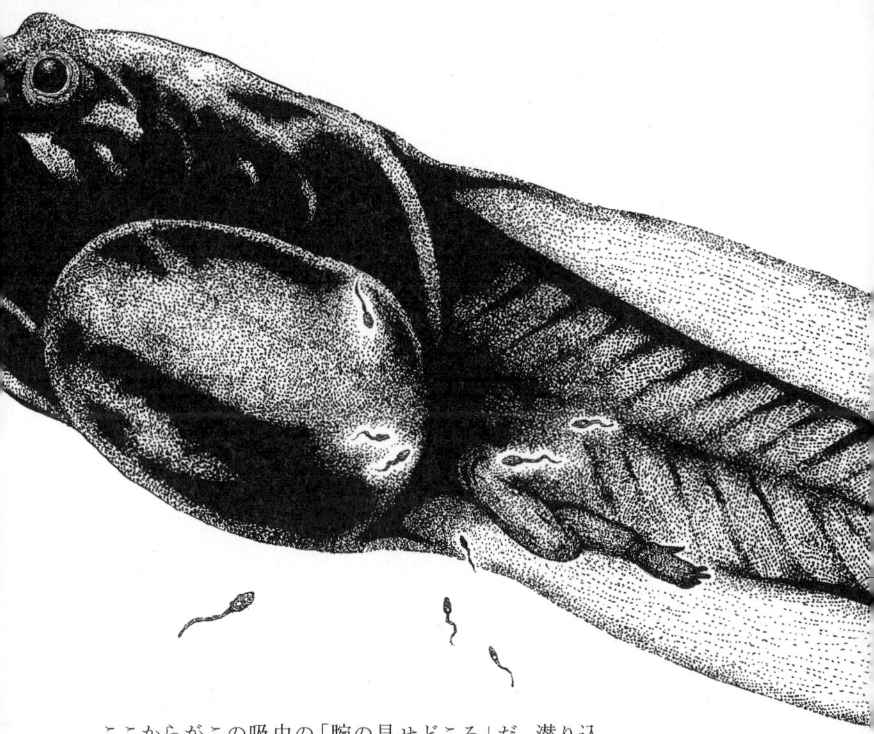

ここからがこの吸虫の「腕の見せどころ」だ。潜り込んだ部位でセルカリア幼生がシストと呼ばれる小さな袋を作って休眠状態に入ると、オタマジャクシは正常な脚の形成を妨げられ、ねじ曲がった後脚が何本も生えたり逆に脚が欠損したりしたカエルになってしまうのである。リベイロイアによって脚を奇形にされたカエルは、天敵であるオオアオサギなどの水鳥からうまく逃げることができず、簡単に捕食されてしまう。最終目的地への到達だ！　吸虫は終宿主（しゅうしゅくしゅ）である水鳥の体内で成熟して産卵し、糞と共に水中に落ちた卵から新たな幼生がふ化して次世代のライフサイクルが回り始める。

リベイロイアに肉体をねじ曲げられ、オオアオサギの腹の中へと追いやられる罪なきカエルには同情を禁じ得ない。

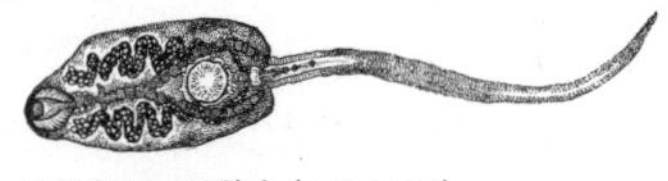

リベイロイアの幼虫（セルカリア）。

パラサイト・コラム

寄生虫と宿主

寄生虫(parasite)

生涯あるいは一時期、他の生物(宿主)の体表や体内にとりついて、宿主から栄養をせしめる生物。

宿主の体表面に寄生するものを外部寄生虫、体内に寄生するものを内部寄生虫という。イカリムシやフクロムシのように寄生虫の体の一部が宿主の体表面に、一部が体内にある寄生虫もいる。

人類・獣類・鳥類・魚介類以外の小動物を総称して虫と呼ぶため、寄生生物が植物の場合は寄生植物というが、本書では寄生植物や寄生菌も取り上げた。

宿主(host)

寄生虫に寄生され、害を受ける生物。

寄生虫には生涯に一つの宿主に寄生する種と、二つ以上の宿主を渡り歩く種がおり、幼体と成体で宿主が異なる場合、幼体の宿主を中間宿主、成体の宿主を終宿主という。一般的に、中間宿主を必要とする種では、幼体が中間宿主を介さずに終宿主に侵入したとしても、その一生(生活環)は完成しない。

中間宿主が複数ある場合、前期の発育を行う宿主を第一中間宿主、後期の発育を行う場所を第二中間宿主という。中間宿主とは別に、中間宿主から終宿主への効率的な橋渡しの役割を担う宿主を待機宿主と呼び、アニサキスにおけるサバやイカなどがこれにあたる。

ロイコクロリジウム（幼虫）

Leucochloridium paradoxum

分類：吸虫類
体長：数mm
中間宿主：オカモノアラガイ
終宿主：鳥類
分布：ヨーロッパ、アメリカ

カタツムリを
ゾンビにして操る虫

おや？　キンカチョウ（錦花鳥）が葉っぱの上に美味しそうなカタツムリ（オカモノアラガイ）を見つけたようだ。しかしこのカタツムリ、やたらと目立つ触角を持っているし、ゾンビのようにふらふらしている。なにかオカシイぞ……？

宿主のカタツムリをゾンビにして操り、捕食者である鳥の下（もと）へと誘（いざな）う。そんなジョージ・A・ロメロ作品を地で行く寄生虫が現実にいる。吸虫の一種ロイコクロリジウムだ。この寄生虫の卵は鳥の糞と共にカタツムリに食べられ、そこで幼虫となってカタツムリの行動に影響する。カタツムリは普段、天敵の鳥に見つからないよう葉っぱの裏など暗い所に隠れているが、この寄生虫に脳を支配されるとゾンビのようにふらふらと木に登り、明るく目立つ葉っぱの表面へと移動してしまうのだ。しかも、単にカタツムリを操るだけではなく、その触角の中で伸びたり縮んだりして、鳥の大好物であるイモムシのように振る舞うのである。

「美味しいよ！　早く食べて！」そうお膳立てされたカタツムリは、案の定、鳥に食べられてしまう。そしてこの時、この寄生虫は最終目的地である鳥への侵入を達成するのだ。鳥の体内でこの寄生虫は成虫となり、直腸に吸着して栄養を吸収する。やがて機が熟すとそこで卵を産み、鳥の糞と共にその卵が排泄され、その糞をカタツムリが食べることで次の世代がカタツムリに侵入する。鳥に食べられるためにゾンビにされ乗り捨てられるカタツムリにとっては、まったくもって迷惑な話だ。

ロイコクロリジウム（幼虫）の本体。

肝吸虫(かんきゅうちゅう)

Clonorchis sinensis

分類：吸虫類
体長：20mm
第一中間宿主：マメタニシ 第二中間宿主：淡水魚 終宿主：哺乳類
分布：アジア

「自分は食い物に拘(こだわ)っているわけではない。白米と納豆があれば十分だ」そう言ったそばから納豆の混ぜ方について延々と講釈を垂れる偏屈な男。それが、日本を代表する稀代の芸術家かつ美食家、北大路魯山人(きたおおじろさんじん)だ。国民的食べ物コミック『美味(おい)しんぼ』に出てくる海原雄山のモデルというとイメージしやすいだろう。

そんな美食家である魯山人はフナやコイなど淡水魚の刺身を好んで食べていたそうだが、それが彼の命取りとなった。これらの淡水魚は肝吸虫の第二中間宿主だったのだ。肝吸虫はヒトの体内に侵入すると、胆管に入り込んで成虫となる。成虫の寿命はなんと20年もあるというのだから、寄生された者にとってはたまったものではない。結局、北大路魯山人は大量の肝吸虫が引き起こした肝硬変で死んでしまったとされている。

「魯山人は生煮えのタニシを食べて肝吸虫に寄生された」という説もあるが、肝吸虫の第一中間宿主であるマメタニシは小さくて食用にならず、マメタニシに寄生している状態の肝吸虫はヒトへの寄生能力を持っていないため、この説は誤りだ。いずれにしても、美食も過ぎれば命にかかわる。とりわけ生の淡水魚には注意したい。

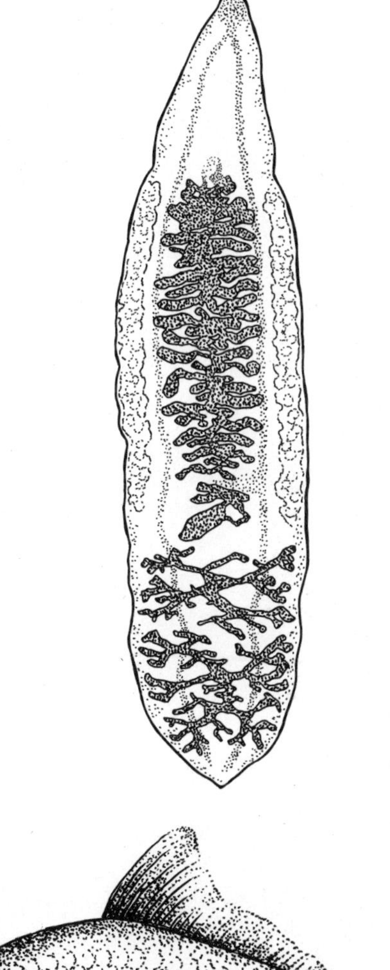

淡水魚に潜む食通キラー

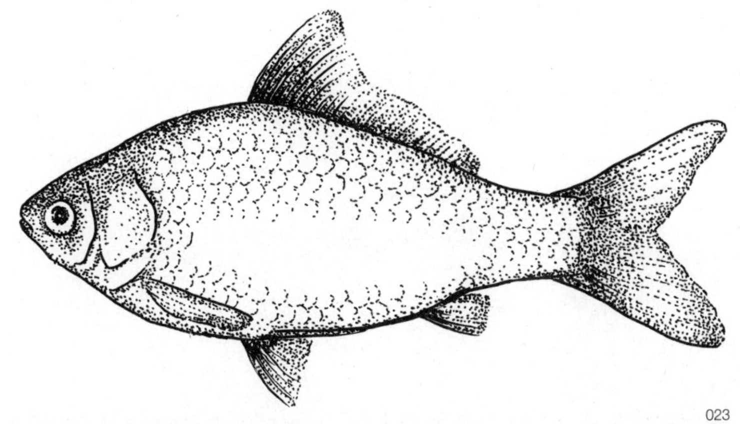

横川吸虫（よこがわきゅうちゅう）

Metagonimus yokogawai

分類：吸虫類

体長：成虫1.0～1.5mm

第一中間宿主：カワニナ
第二中間宿主：アユ
終宿主：ヒト、イヌ、ネコ、トビ

分布：東アジア

清流の女王とも呼ばれるアユはキュウリウオ科の魚で、その科名の通り体からキュウリやスイカに似た爽やかな香りがする。この香りを存分に楽しむために生のアユを輪切りにした「背越し」という料理があるが、これは横川吸虫という寄生虫にとって願ってもない料理法だ。

横川吸虫はアユなどの淡水魚からヒトの小腸に寄生する体長1mmほどの小さい吸虫だ。極東地域に広く分布し、日本ではアニサキスと並んで感染者が多い。この寄生虫を台湾で発見した研究者・横川定（さだむ）博士にちなんで命名され、以降の研究もほとんどが日本人によってなされている。

カワニナなどの巻貝の体内でふ化した卵は変態を経て、尾の生えた幼虫になる。幼虫は貝から泳ぎ出てアユやシラウオなどの淡水魚の皮ふに侵入し、成長する。それらがヒトやイヌ、ネコ、トビに食べられると、晴れてその体内で成虫となることができる。終宿主の小腸で卵を産み、その糞と共に排出された卵がカワニナに食べられることで、次の世代に命が繋（つな）がっていく。

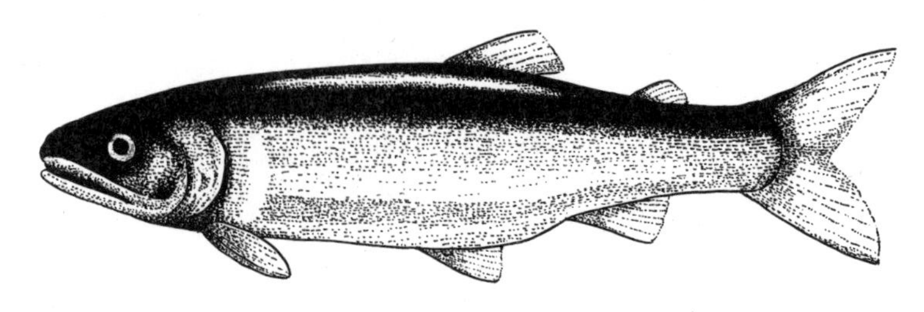

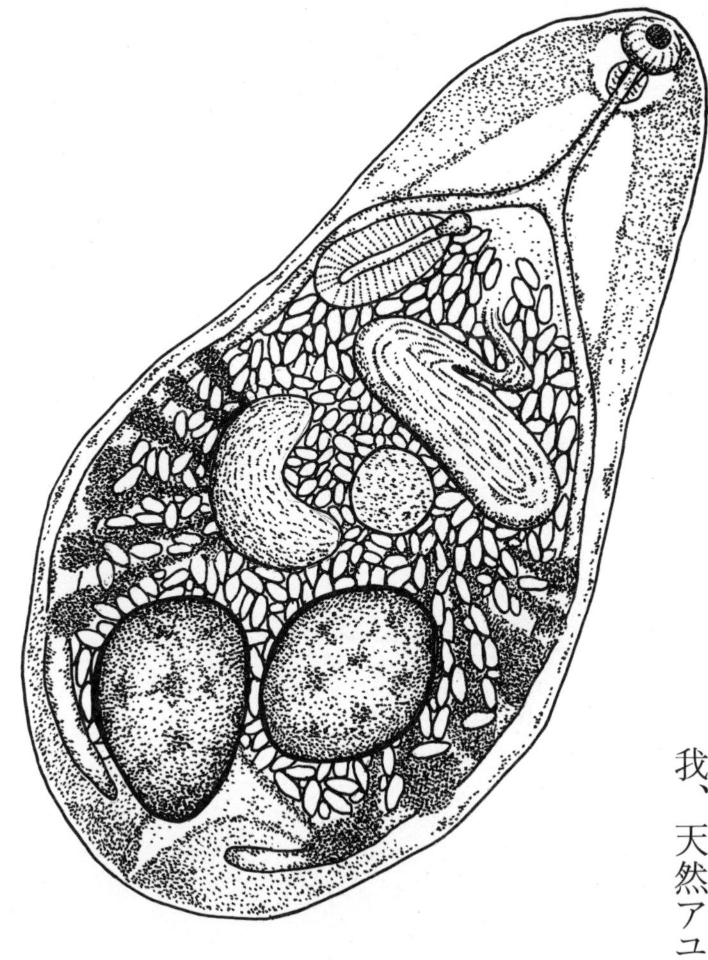

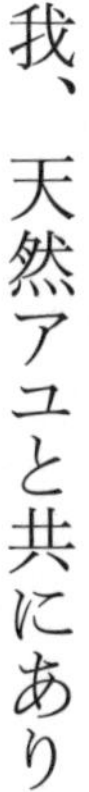

横川吸虫に寄生されると横川吸虫症という腹痛や下痢を起こすが、その症状は軽いことが多い。幸いこの寄生虫は地下水で育てられた養殖のアユには存在しない。もちろん、天麩羅(てんぷら)や塩焼きなど加熱する料理法ならより安心である。

日本住血吸虫（にほんじゅうけつきゅうちゅう）

Schistosoma japonicum

分類：吸虫類

体長：雄成虫12～20mm、雌成虫25mm

中間宿主：ミヤイリガイ（カタヤマガイ）
終宿主：ヒト、イヌ、ネコ、ウシなど哺乳類

分布：東アジア、東南アジア

日本が世界で唯一克服した〝血の中に住む〟寄生虫

日本住血吸虫は読んで字のごとく「血液の中に住む」細長い吸虫だ。アジアに広く分布し、ヒトが流行地の水場で泳いだり素足で水田に入って作業をしたりするうちに幼虫が皮ふを突き破って侵入してくる。成虫になると雌雄が抱合した状態で宿主の門脈系の血管内に寄生し、大量の受精卵を産み続ける。産み出された卵が血管を詰まらせるため、宿主は肝硬変や腹水、貧血、脳障害を起こし、最悪の場合は死に至る。マンソン住血吸虫、ビルハルツ住血吸虫、そして日本住血吸虫といった住血吸虫症の患者の数は世界で2億人を超え、マラリア、フィラリアと並んで「世界三大寄生虫病」の一つとなっ

ている。日本は山梨県甲府盆地や広島県片山地方、筑後川流域など日本住血吸虫の流行地を複数抱え、この病気の根絶は国としての悲願であった。

山梨県の甲府市は古くから「水腫脹満」という腹に水がたまって死ぬ原因不明の奇病に悩まされていた。1897年、この病気にかかっていた農家の女性の杉山なかが主治医の吉岡順作に「この悲しい風土病の病原がわかれば本望なので、私が死んだら解剖をしてください」という手紙を書き、死後の解剖を申し出た。その6日後に死亡したなかの解剖が行われ、胆のうや十二指腸からおびただしい数の虫卵が発見された。なかの解剖から7年後の1904年、この寄生虫症の正体を追求していた桂田富士郎博士は甲府の医師、三神三朗の家で飼われていた腹部の腫れたネコを解剖し、その肝臓内から新種の寄生虫を発見して「日本住血吸虫」と名付けた。この4日後には京都大学医学部の藤浪鑑博士が、広島県片山地方の開業医から提供された殺人事件の被害者を解剖し、ヒトの肝臓内からもこの寄生虫を発見している。奇病の原因である寄生虫の発見が世界の学会に与えた衝撃は大きく、当時の日露戦争の勝利と共に後世に伝わるべき大発見であった。

病気の原因が寄生虫であることが判明した後も、感染経路は依然として不明のままだった。しかし、1913年、九州大学医学部の宮入慶之助博士が鈴木稔博士と共に佐賀県の流行地で、ついに小さな巻貝がこの寄生虫の中間宿主であることを発見した。長年の謎が一挙に解決した瞬間であった！　宮入博士はこの新種の貝に、江戸後期の漢方医、藤井好直が日本住血吸虫症の症状を「片山病」（広島県片山地方にちなむ）と書き記した『片山記』にちなんでカタヤマガイという名前を付けることを提案したが、関係者は宮入博士の功績をたたえて、この貝をミヤイリガイと呼ぶようになった。

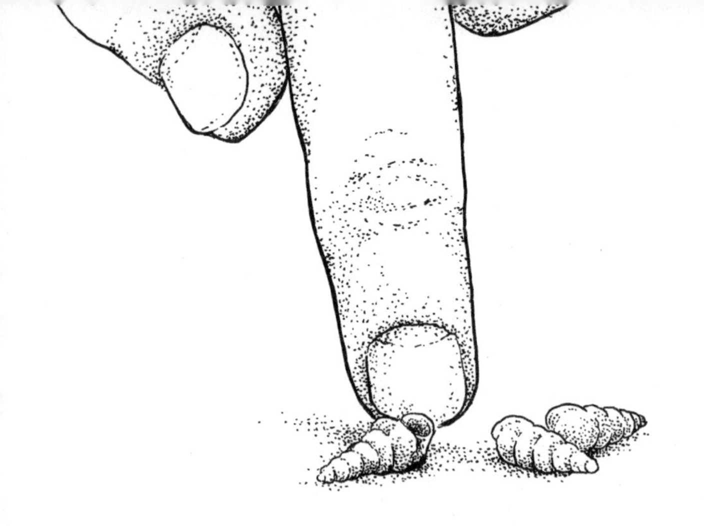

こうして、日本住血吸虫の生活環が明らかとなった。糞便と共に排出された卵が水中でふ化してミヤイリガイに侵入する。ミヤイリガイの中で幼虫は発育し、やがて水中に泳ぎ出る。これがヒトの皮ふから侵入し、腹水などの症状を起こすのである。淡水産巻貝に住血吸虫の幼虫が侵入することがわかったのは日本住血吸虫が初めてで、これにならって世界各地に存在する類似する寄生虫の中間宿主も次々と発見された。

寄生虫を駆除するためにはその生活環を断ち切ればいい。日本住血吸虫の場合は中間宿主のミヤイリガイがいなくなれば、幼生の時期を過ごす場所がなくなって次の世代が生まれない。かくして、日本全国で100年にもわたる徹底的なミヤイリガイの駆除が行われた。その結果、感染地域に棲息するミヤイリガイの撲滅に成功。日本住血吸虫も日本からはいなくなり、山梨県では1996年、福岡県は2000年にそれぞれ日本住血吸虫症の終息を宣言した。ミヤイリガイ大撲滅事業を行った筑後川を有する久留米市には現在、「宮入貝供養塔」が建てられ、人為的に撲滅されたミヤイリガイの霊を弔っている。

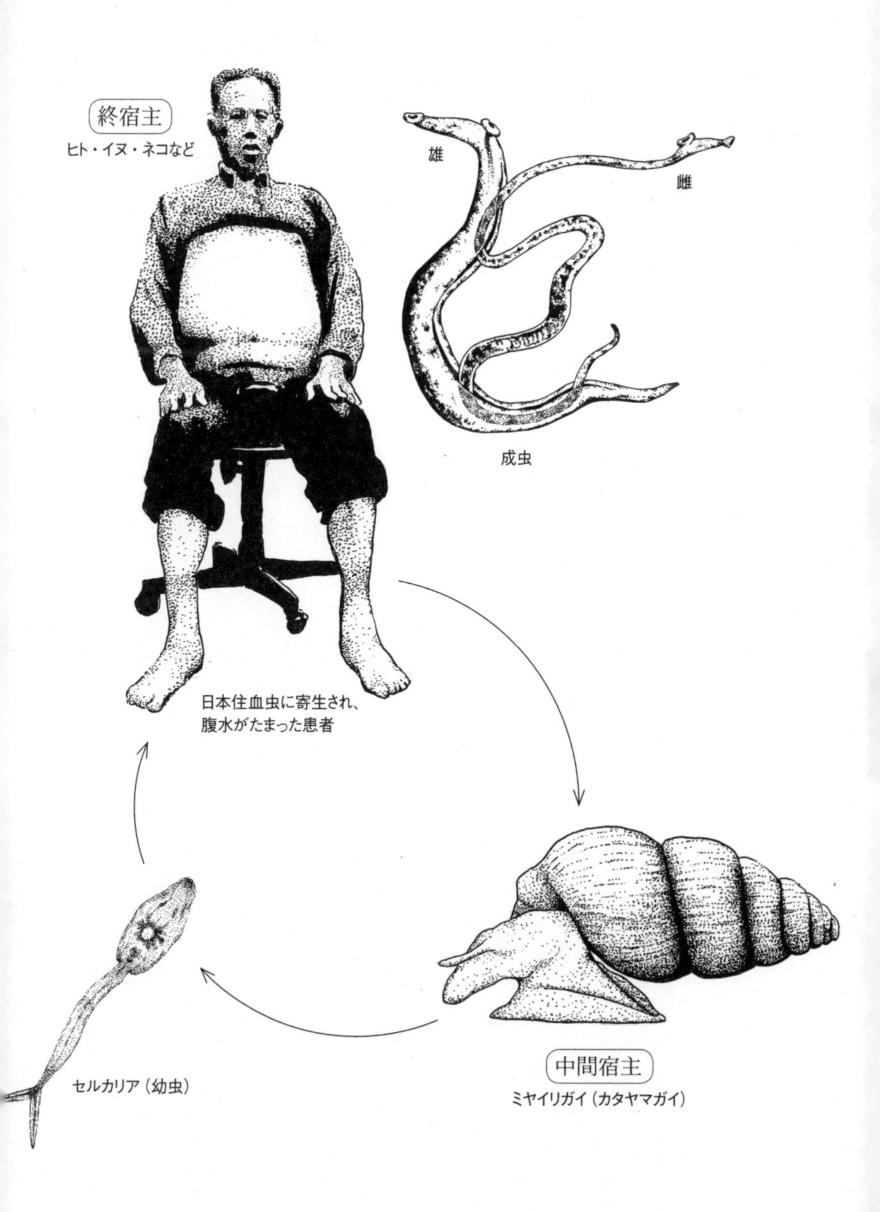
終宿主
ヒト・イヌ・ネコなど
雄
雌
成虫
日本住血虫に寄生され、
腹水がたまった患者
中間宿主
ミヤイリガイ（カタヤマガイ）
セルカリア（幼虫）

フタゴムシ

Eudiplozoon nipponicum

分類：単生類

体長：10mm

宿主：コイ科魚類

分布：アジア、ヨーロッパ

死が二人を分かつまで

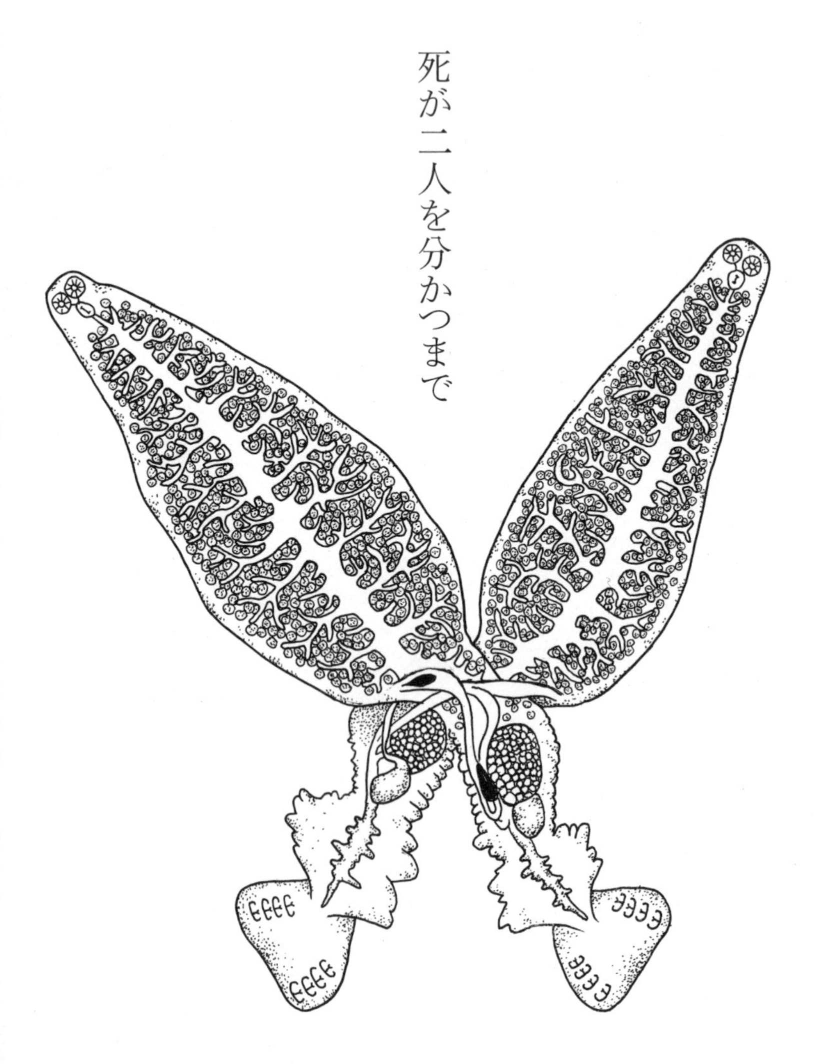

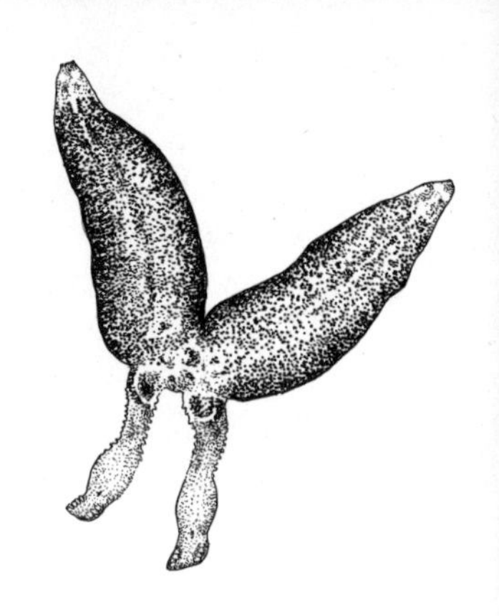

コイのエラに寄生する吸虫のフタゴムシ。翅を広げたチョウチョのようなその姿は、2匹のフタゴムシが合体融合したものだ。フタゴムシの片割れはコイのエラの上を動きまわって相方を探し、見つけ次第有無をいわさずペタリとくっついてしまう。一目惚れでの合体だ。広い広い水の中で勝手気ままに泳ぎまわるコイのエラの上。次はいつどこで出会えるかわからない。一度の機会も逃してはならないのだ。

フタゴムシは雌雄同体で、1匹でも自家受精ができれば卵を産めるのだが、幼虫の時に2匹が出会って合体融合しないと成長することができない。融合すると雄性生殖管は相手の雌性生殖管と互いにつながった状態になる。お互いの精子を相手に渡して、遺伝子の交換をするためだ。まるで「死ぬ時は一緒」と言わんばかりであるが、実際に彼らを無理矢理に引き離すとお互いの生殖器官が破壊されて本当に死んでしまう。これだけ想い合っているのだから、きっと来世でも一緒になれるだろう。

このフタゴムシは寄生虫に特化した研究博物館である目黒寄生虫館のシンボルマークでもある。寄生虫館のショップで販売されている「フタゴムシキーホルダー」は、その仲睦まじい生態から恋愛にご利益があると女性に大人気なのだとか。

ヘテロボツリウム

Heterobothrium okamotoi

分類：単生類
体長：成虫20mm
宿主：トラフグ
分布：日本

高級魚を襲う吸血鬼

フグの中で最も高価なトラフグ。天然モノの他に養殖モノも高値で取引されているが、ここにトラフグ養殖業者に蛇蝎（だかつ）の如く嫌われる寄生虫がいる。単生類のヘテロボツリウムだ。

「エラムシ」とも呼ばれるこの寄生虫は、その名の通りトラフグのエラや鰓腔壁（さいこうへき）（エラが収まっているスペースの壁）に潜り込む。成虫の体の後ろには左右4対8個の把握器（はあくき）という器官があり、これでエラブタの内側の組織を摑んで宿主の血を吸う。血を吸われたトラフグは貧血を起こし、症状が重いと死んでしまう。

成虫が産む卵は数珠つながりに糸状になっていて長いもので2m以上にもなる。ふ化した幼生が水中を泳ぎまわり、トラフグのエラに到達すると寄生を開始、吸血しながら成長する。数珠つながりの卵は生け簀（す）の網によく絡むため、ヘテロボツリウムがいったん養殖場のトラフグへの寄生を成功させると、以降は生け簀の中で順調に感染環が回り始める。このため、生け簀の中で爆発的に増え、トラフグの大量死が起きることもある。トラフグの養殖業者にとってはまさに悪夢だ。

これを防ぐためには定期的に網を交換して生け簀から卵を取り除き、生まれた寄生虫は薬で駆虫するなどの措置が必要だ。大変な手間だが、高級商品であるトラフグを守るためには仕方のない作業だ。ヘテロボツリウムもたくさんの卵を産んで種を存続させることに必死。まさに、イタチごっこである。

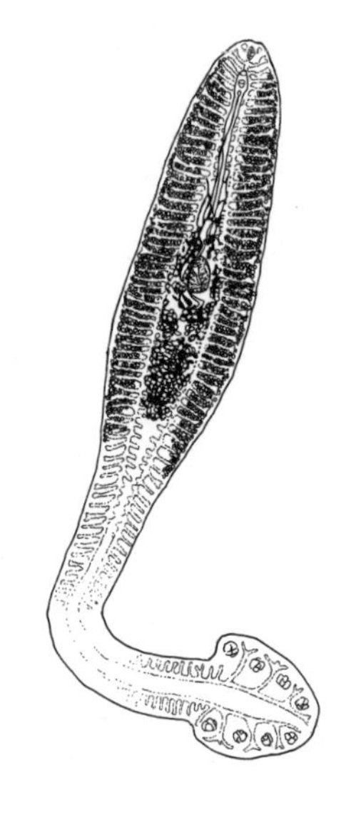

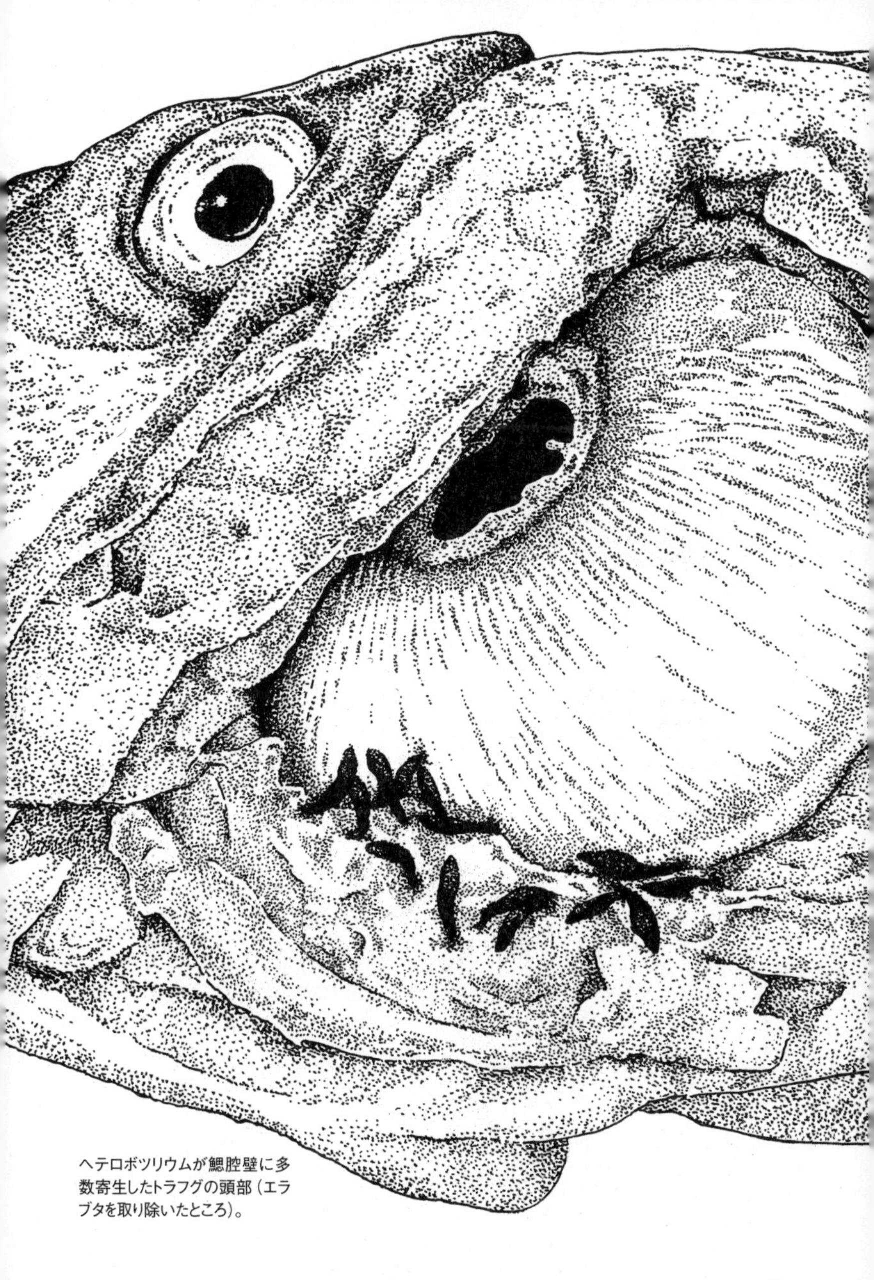

ヘテロボツリウムが鰓腔壁に多数寄生したトラフグの頭部（エラブタを取り除いたところ）。

三代虫（ギロダクチルス）

Gyrodactylus kobayashii

分類：単生類
体長：0.3～0.8mm
宿主：キンギョ
分布：世界各地

キンギョの体表やエラに寄生する三代虫は、親の体内に子と孫が入っているなんとも稀有な寄生虫だ。三代虫の親の子宮内にいる子どもの子宮の中に、また子どもが入っている。つまり、ヒトでいうと親の子宮内にいる胎児が既に妊娠しているようなものだ。

これは三代虫がとても変わった胚形成をすることに起因している。親の子宮内の卵が2分割した時、一方の細胞は発生を続けて次世代を生じるのに対し、もう一方の細胞は分裂せず、次世代の発生がある程度進んだ後に分裂を開始して、一方が第三世代に、もう一方が静止状態の細胞（後の第四世代）になるのだ。

三代虫は鉤のある吸着盤で宿主に寄生し、エラの粘膜や上皮の細胞を食べて生きている。親子三代にわたって体を齧られる宿主にとっては、この一族はとても疎ましいだろう。

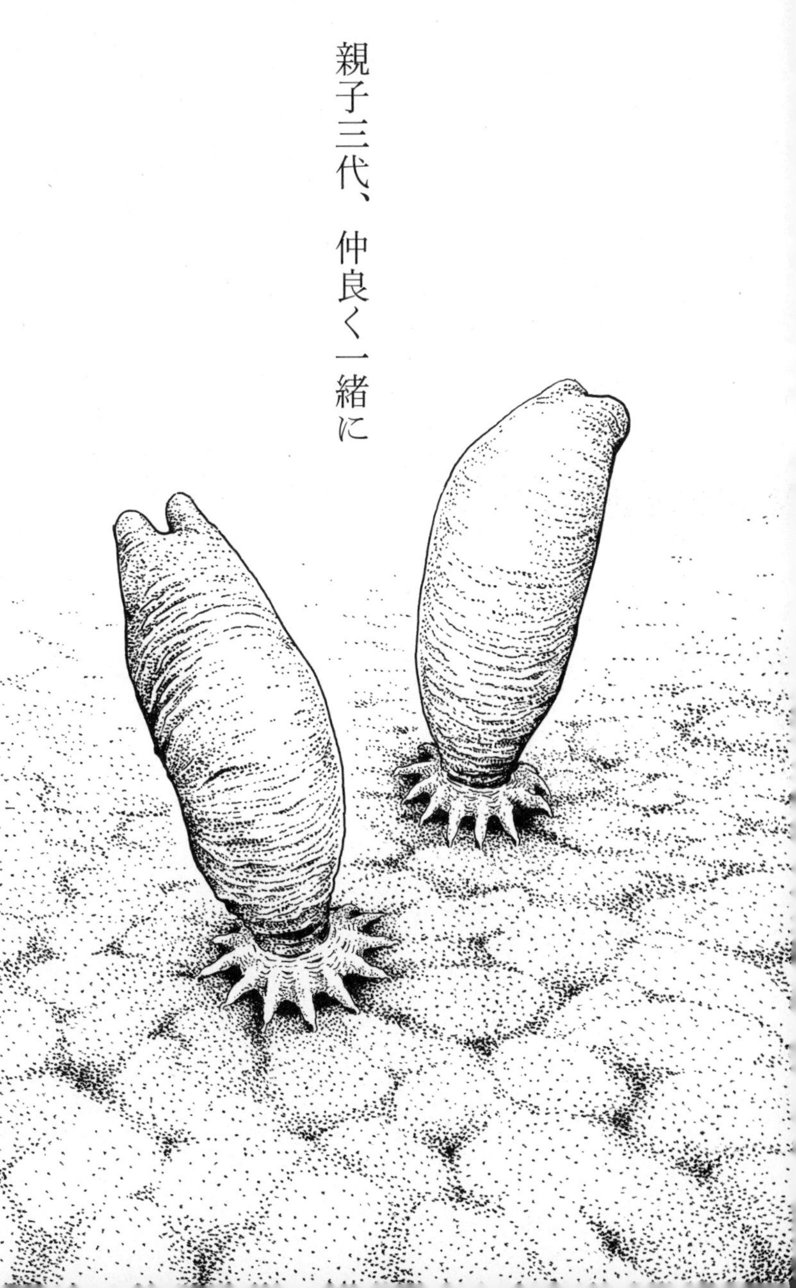
親子三代、仲良く一緒に

シーラカンスの寄生虫
(ネオダクチロディスクス・ラチメリス)

Neodactylodiscus latimeris

分類：単生類
体長：0.7 〜 1.3mm
宿主：シーラカンス (*Latimeria chalumnae*)
分布：アフリカのコモロ諸島

古生代から寄り添って
〜二つの大発見〜

1938年12月、南アフリカのイーストロンドン市博物館の研究員であったラチメール女史のところに、モザンビーク海峡沖でトロール漁船が捕獲したとされる異形の巨大魚が送られてきた。ラチメール女史はこの変わった魚の発見を、ローズ大学の魚類学者J・L・B・スミス博士へ知らせた。これが、現在では「生きた化石」と称されるシーラカンスの発見である。シーラカンスは3億年以上前の古生代デボン紀に地上に現れ、広範囲に分布していたが、6600万年前の中生代白亜紀には絶滅したと考えられていた生物である。シーラカンスの発見は生きた恐竜が見つかったようなもので、そのため「生物学における20世紀最大の発見の一つ」とも言われている。

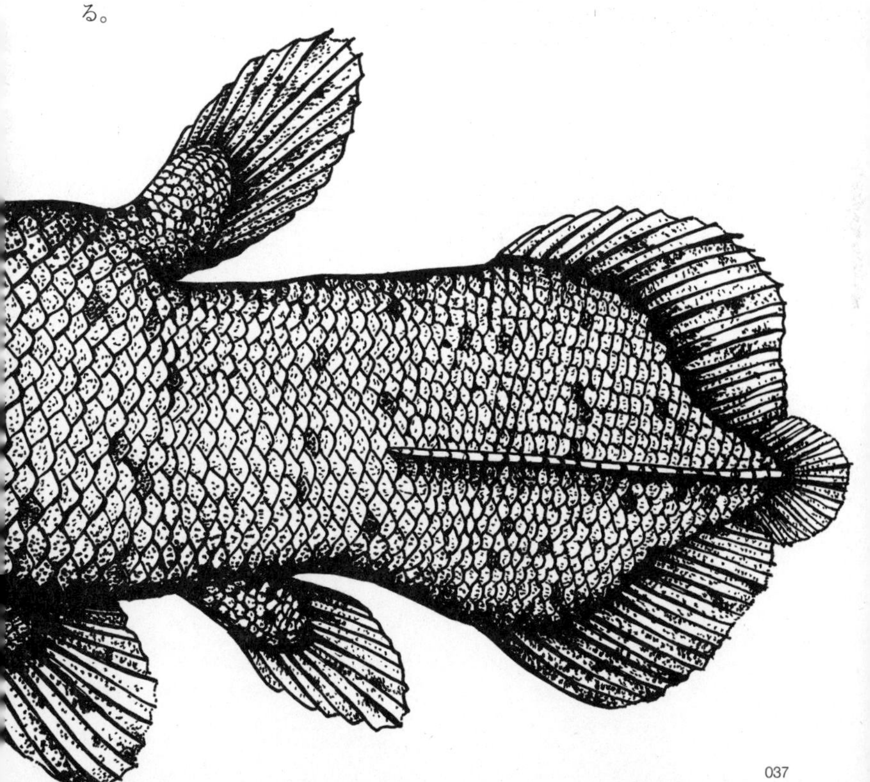

1966年、最初のシーラカンスが発見された場所にほど近いコモロ諸島沖合で釣り上げられた体長154cm、体重55kgのシーラカンスが、フランス政府を通じて学術研究のために読売新聞社の正力松太郎氏に寄贈された。このシーラカンスは現在でも実物標本が下関市の「しものせき水族館海響館」に展示されているが、この解剖に立ち会い、新種の寄生虫を発見したのが、目黒寄生虫館の創設者である亀谷了（かめがいさとる）博士である。

1968年、亀谷博士は関係者にシーラカンスの寄生虫をぜひ調べさせて欲しいと頼み、快諾を得ると、シーラカンスが初めに持ち込まれたよみうりランドに3度にわたって通い、調査を行った。そして、シーラカンスの胃からテンタクラリアというサナダムシの一種の幼虫、腸からアニサキスと何匹かの線虫、エラから新種の寄生虫を発見した。新種の寄生虫は、2度までの調査では完全な形の標本が手に入らなかった。そのため、シーラカンスのエラ蓋を歯科用の開口器で開き、水を流しながら歯ブラシでエラの表面をこそぎ、回収したビニール4袋分の洗い水を一滴ずつプレパラートに載せて顕微鏡で確認するという気の遠くなるような作業を行った。そして、遂に3度目にして、完全な形の寄生虫を発見したのだった。

亀谷博士はこの寄生虫を「ネオダクチロディスクス・ラチメリス」と命名し、1972年に新種として発表した。ディスクスは「盤（ばん）」という意味で、この寄生虫が吸盤のような特殊な盤（右図のAD）を持っていることからきている。また、ラチメリスというのはシーラカンスを初めて発見したラチメール女史にちなんでいる。

3億年前と変わらない姿で泳ぎ、現存する魚類のなかでは最も古い種と考えられているシーラカンス。この寄

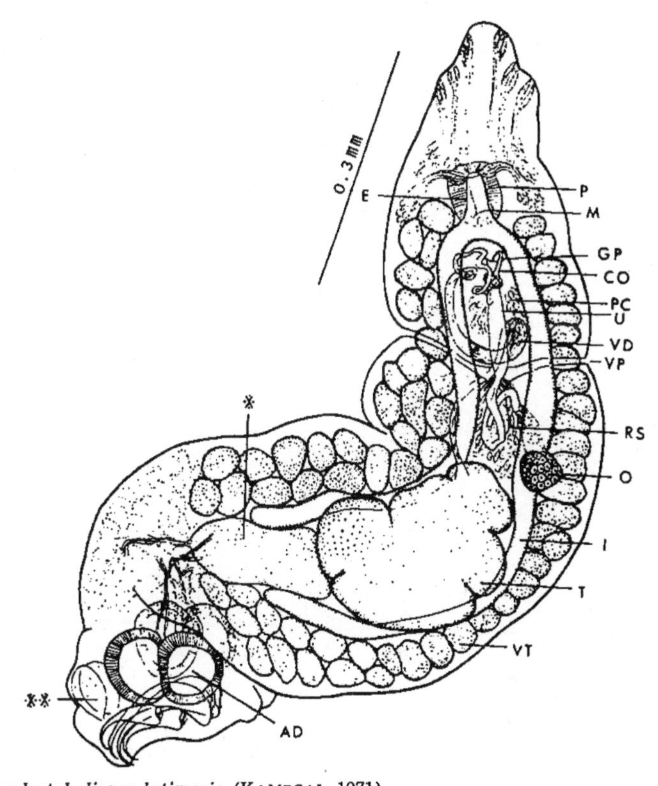

Neodactylodiscus latimeris (KAMEGAI, 1971)

亀谷了博士が描いた「ネオダクティロディスクス・ラチメリス」の模式図。
『目黒寄生虫館ニュース 第130号』より。

生虫も、宿主であるシーラカンスにそっと寄り添って、数億年という悠久の時を生き永らえてきたのかもしれない。亀谷博士の調査以前にシーラカンスのエラから発見された寄生虫はなく、この寄生虫の発見もシーラカンスの発見と同じく、生物学史に残る大発見と言えるだろう。

エキノコックス
（多包条虫）

Echinococcus multilocularis

分類：条虫類
体長：成虫1～5mm
中間宿主：ネズミ 終宿主：キツネなどイヌ科動物
分布：主に北半球

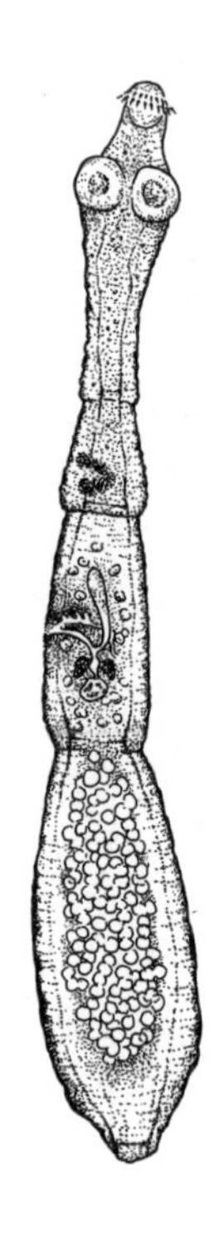

北海道にてキツネが運ぶ、小さいが恐ろしい寄生虫。それが条虫の一種エキノコックスだ。エキノコックスは自然界では主に中間宿主のネズミと終宿主のキツネの間で生活環が回っている。ところが、キツネの糞便に含まれる虫卵が、本来の宿主ならざるヒトの口に入ってしまうことがある。野生のキツネの糞に汚染された土を触る、野山で野いちごを摘んでその場で食べるといった行動が感染源になりうる。

虫卵はヒトの体内で幼虫となり、おもに肝臓に寄生して蜂の巣状の囊胞を作ってその中で増殖していく。本来の宿主ならざるヒトの体内では、成虫になれない。幼虫のまま、じわりじわりと増えていく。感染しても10年ほどは無症状だが、幼虫の数が増えて囊胞が大きくなるにつれ、肝臓内の胆管や血管が塞がれて深刻な肝機能障害が進む。末期には重度の肝機能不全となり、発育中の囊胞の一部が破れ、幼虫が血流に乗って肺や脳、骨髄など、さまざまな臓器に転移する。体内から駆除するには外科手術で幼虫を取り除く必要があるが、自覚症状が出た時には体中で幼虫が増殖してしまっており、感染初期に治療できないと、なんと感染者の90%以上が死に至る。

北海道ではキツネのエキノコックス感染率は現在約40%にもなっている。もともとアラスカや千島列島に多く分布していたのだが、20世紀前半に北海道で毛皮目的で千島列島から運ばれてきたキツネが感染源となり流行が始まってしまった。だからといって、北海道に棲息するキツネをすべて駆除してしまえばいいというわけではない。初めにキツネを連れて来たのはヒトなのだから。

「そいつ」はキツネと共にやって来た

サナダムシ
(日本海裂頭条虫)
Dibothriocephalus nihonkaiensis

分類：条虫類
体長：5～10m
第一中間宿主：ケンミジンコ 第二中間宿主：サクラマス、カラフトマスなど 終宿主：ヒト
分布：日本

驚異の体長十メートル、寄生虫界最大級の虫

サナダムシという名前は着物の帯留めなどに使われる平たい真田紐に見た目が似ていることに由来する。成虫はいくつもの体節に分かれたキシメン状で、体長は長いもので10m以上。寄生虫界最大級の虫だ。目黒寄生虫館には長さ8.8m、片節数約3000のサナダムシの標本が展示されている。サナダムシの体は薄くて切れやすいため、長く繋がった標本はとても貴重。一見の価値ありだ。

サナダムシの幼虫は終宿主であるヒトに侵入すると、みるみる成長して約1カ月で成虫になる。寄生生活に不要な器官は退化（寄生虫としては「進化」かも）していて、残っているのはほぼ生殖器のみ。数千の体節の一つひとつに精巣と卵巣があり、一個体でも生殖を行い、100万個もの卵を毎日産む。卵入りの糞をケンミジンコが食べ、そのケンミジンコをサクラマスが食べ、そのサクラマスをヒトが食べることで、またヒトに帰ってくる。

一時期このサナダムシを体内で「飼育」して痩せようという「サナダムシ・ダイエット」なるものが話題になった。しかし、寄生虫は人体にとっては異物。サナダムシはその中でも規格外の大きさだ。仮に体重が減ったのなら、それは痩せたのではなくやつれたのだ。自覚症状がある場合の主症状は下痢や腹痛、貧血など。サナダムシの種類によっては死に至るケースもある。ダイエットに楽な方法など存在しないと思っておこう。

有鉤条虫（ゆうこうじょうちゅう）

Taenia solium

分類：条虫類
体長：幼虫1cm、成虫2〜3m
中間宿主：ブタ 終宿主：ヒト
分布：世界各地

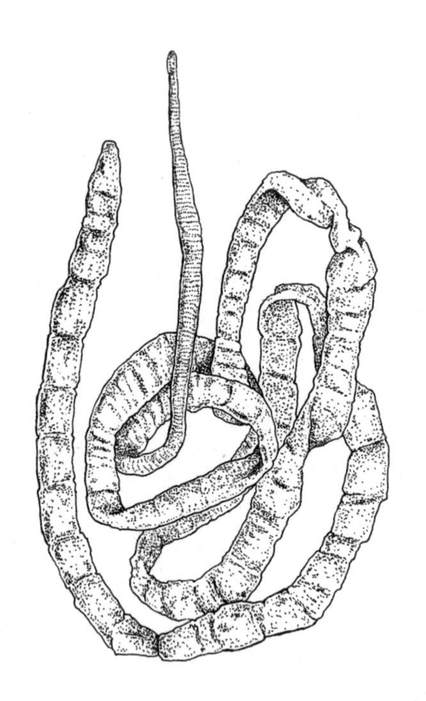

有鉤条虫（ゆうこうじょうちゅう）は頭部に並んだ4個の吸盤と引き込み可能な多数のフック（鉤）が並んだ額嘴（がくし）という構造を持つ寄生虫だ。ブタを中間宿主とし、ヒトは豚肉を食べて感染するのでpork tapewormとも呼ばれる。大型で成虫は数mに達することもあるが、成虫がヒトの腸でつつましく生きているぶんには重い症状は出ない。この寄生虫の場合、問題となるのは幼虫である。

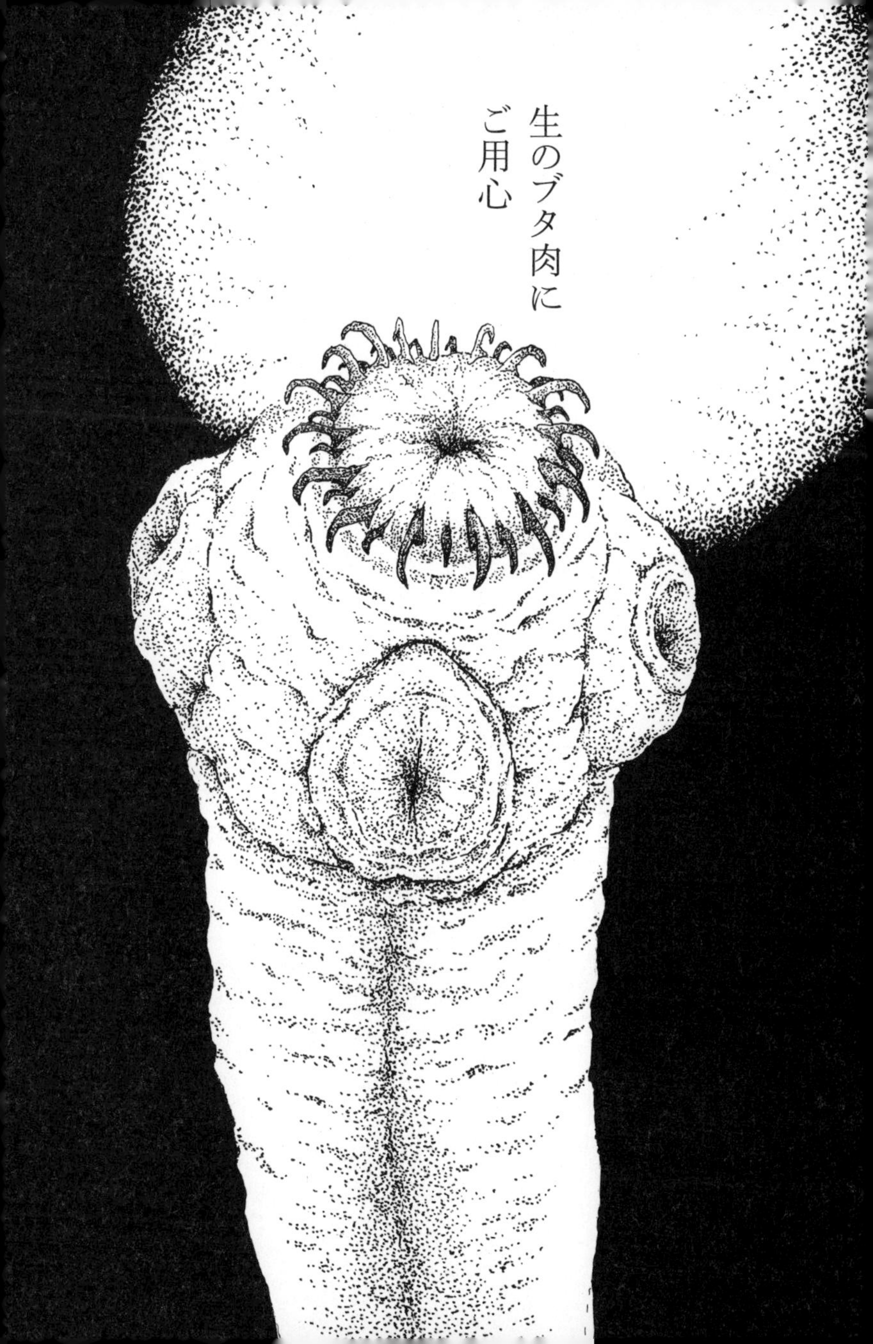
生のブタ肉に
ご用心

ヒトの腸内で成虫の体の一部が何かの拍子に破損すると、中にあった卵から六鉤幼虫（ろっこうようちゅう）がふ化し、腸壁から血液やリンパ液に乗って散らばった先の組織で楕円（だえん）形の嚢虫（のうちゅう）に発育する。嚢虫が皮ふや筋肉内に寄生した場合は小指大のコブを作るのにとどまるが、心臓や眼、脊髄、脳といった重要な臓器に入り込むと大変だ。特に脳に侵入した際には、脳を圧迫し、けいれん発作や脳水腫、麻痺といった重篤な症状を引き起こす。

有鉤条虫に寄生されないようにするには、ブタ肉を食べる際にしっかりと中まで火を通さないといけない。とりわけ、衛生管理が行き届いていない海外で提供されるブタ肉や野生のイノシシ肉には注意が必要だ。

ブタが有鉤条虫に感染するのは寄生虫の卵が入ったヒトの糞便に汚染された飼料を与えられるからで、管理が行き届いた国内産のブタ肉にはこの寄生虫はまずいないとされている。しかし、ブタ肉は有鉤条虫にかぎらずE型肝炎ウイルスや食中毒菌に汚染されている可能性もある。2015年に日本の厚生労働省が生食用のブタの肉や内臓の販売・提供を改めて禁止したが、これらの生食がことさら禁じられているのにはこのようにきちんとした理由があるのだ。

ちなみに有鉤条虫の近縁種に頭部先端のフックをもたない無鉤（むこう）条虫という寄生虫もいるが、こちらは有鉤条虫ほど重篤な健康被害を引き起こさない。無鉤条虫はウシを中間宿主とし、ヒトは牛肉を食べて感染するので、beef tapewormと呼ばれる。

六鉤幼虫

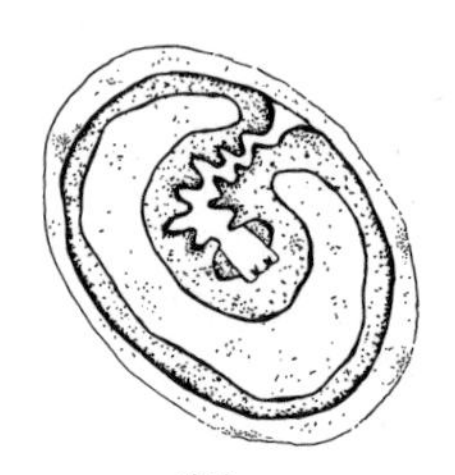

嚢虫

プラギオリンクス

Plagiorhynchus cylindraceus

分類：鉤頭虫類（こうとうちゅうるい）
体長：幼虫 0.1 〜 4mm、成虫 15mm
中間宿主：ダンゴムシ、ワラジムシ 終宿主：ムクドリ
分布：ヨーロッパ、アジア アメリカ、アフリカ

ダンゴムシを操るとげとげ頭

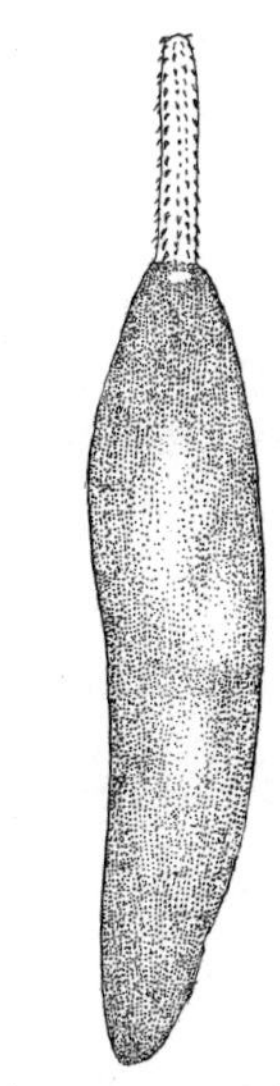

プラギオリンクスの幼虫。

鉤頭虫（こうとうちゅう）のプラギオリンクスはダンゴムシを中間宿主、ムクドリなどの鳥類を終宿主とする寄生虫だ。鉤頭虫の体は細長い胴体とその先の短い頸と細長い吻（ふん）からなるが、この吻には反り返った鉤が何列にもならんでおり、これを宿主の腸の粘膜に引っかけて固着している。口や腸はなく、体表から宿主の腸を流れる栄養を吸収している。

中間宿主をもつ寄生虫の中にはライフサイクルを完成させるために宿主の行動を変化させるものがいるが、プラギオリンクスもそのような寄生虫の一種だ。

プラギオリンクスが成長の最終段階を迎えるためには中間宿主のダンゴムシがムクドリに捕食されなければならない。しかし、ダンゴムシは普段は日の当たらない湿った場所にいて捕食者に見つからないようにしている。これではなかなか鳥に食べてもらえない。そこで、この寄生虫はダンゴムシをある軽率な行動に駆り立てるのだ。

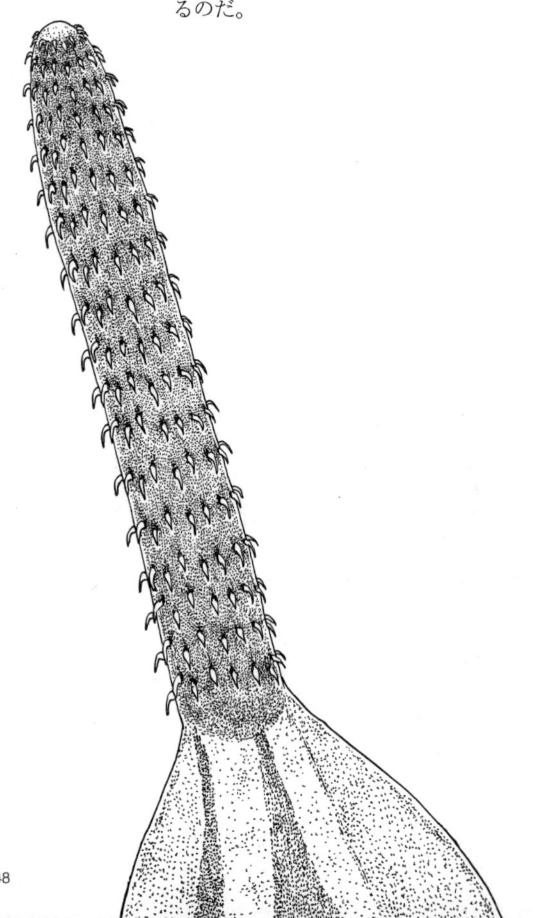

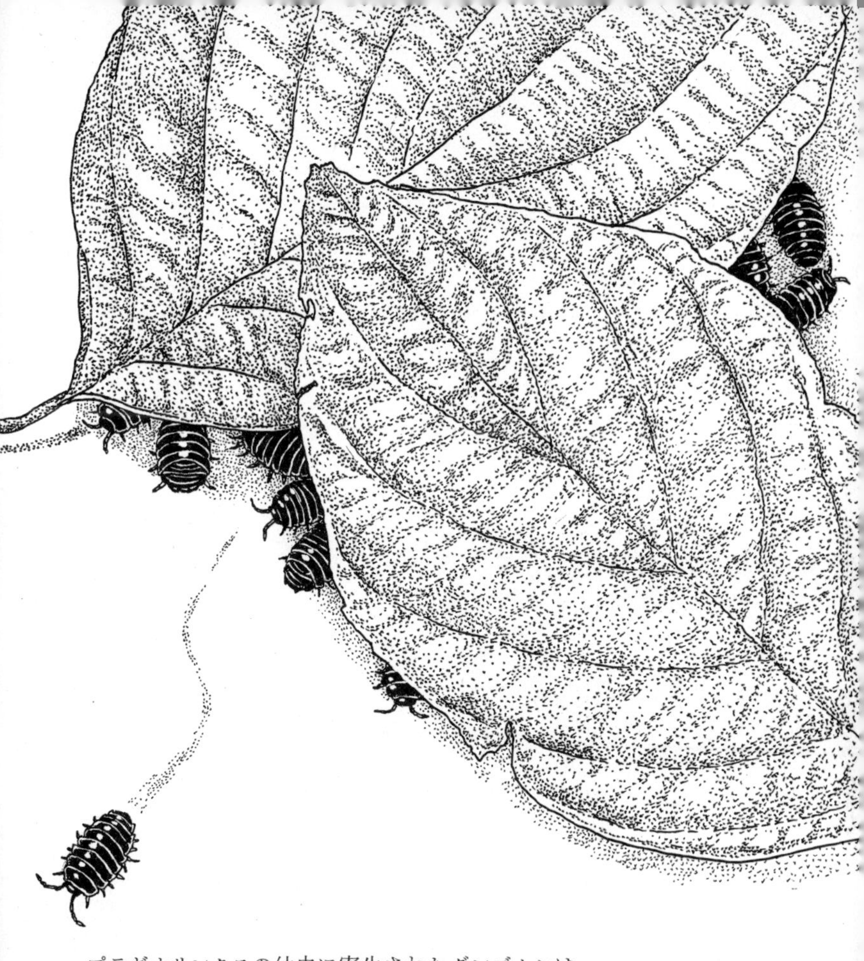

　プラギオリンクスの幼虫に寄生されたダンゴムシは、どういうわけだか、真っ昼間に明るい場所へと出てきて自らを衆目にさらすようになるのだ。ラッキー！　たやすく餌が見つかったぞ！　ダンゴムシはムクドリに容易に見つかり食べられてしまう。鳥に食べられると鉤頭虫はその体内で成虫となって産卵し、卵が鳥の糞の中に排出され、それを食べたダンゴムシに幼虫が感染する。見事、鉤頭虫のライフサイクルの完成だ。

このダンゴムシの「自殺行為」は、鉤頭虫の幼虫に操作されたものだと考えられている。他の「宿主を操る」とされる寄生虫がそうであるように、もちろん厳密には鉤頭虫に「宿主を操ってやろう」という明確な意志はないだろう。悠久の時を使った数え切れない進化の試行錯誤の結果、たまたま「ダンゴムシを明るい場所に進ませる」という特性がこの寄生虫の繁殖に貢献し、その形質が固定されたのだ。

線形動物・類線形動物

前後に細長い円筒状で体節構造を持たない動物。線形動物の既知種は二万八千種だが、実際は百万種を超えるとされている。線形動物と類線形動物は形態や生態が似ており姉妹群を形成する。

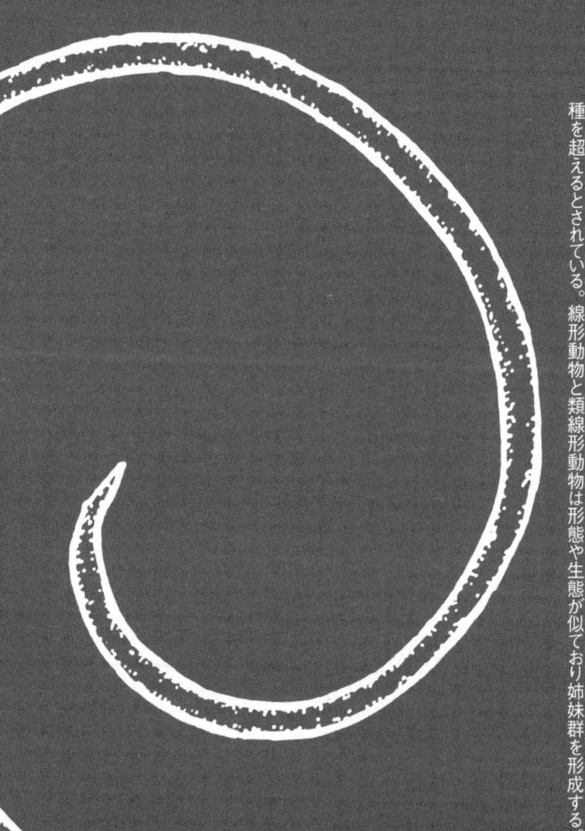

ハリガネムシ

（ニホンザラハリガネムシ）

Chordodes japonensis

分類	線形虫類
体長	10 ～ 40cm
宿主	カマキリ
分布	日本

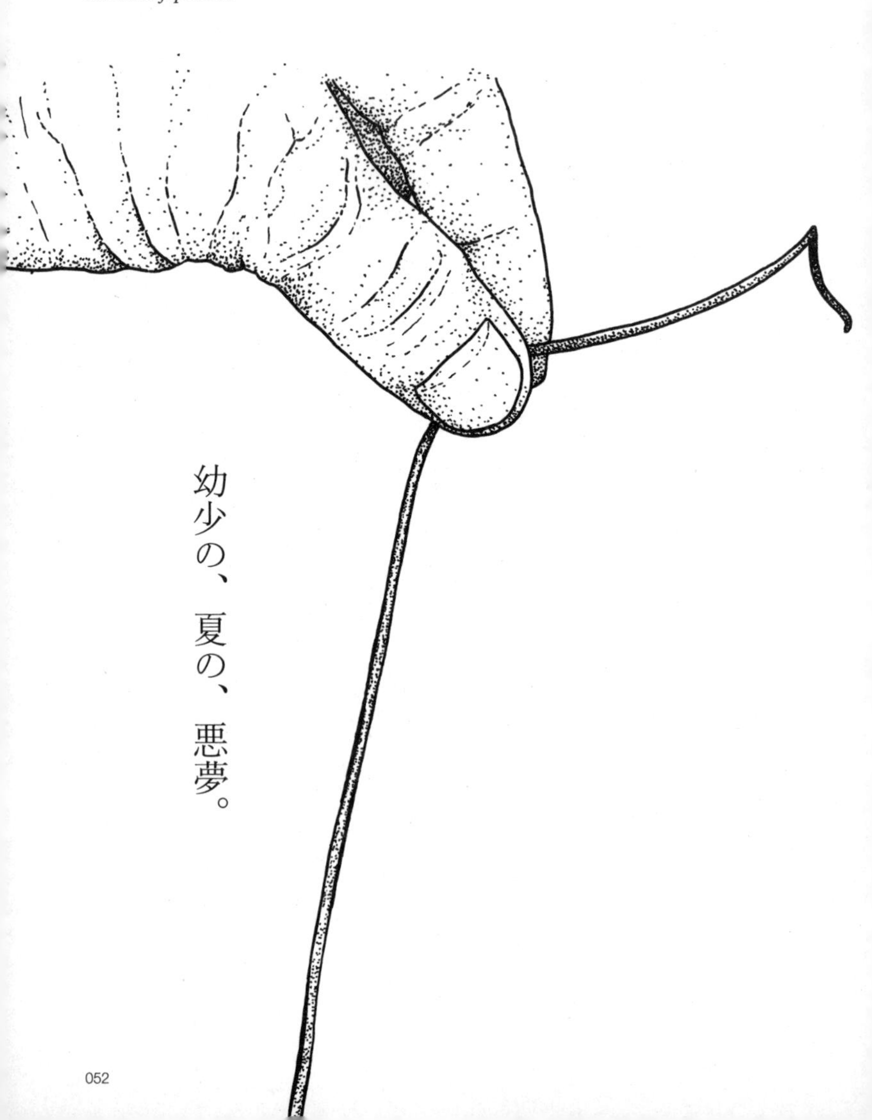

幼少の、夏の、悪夢。

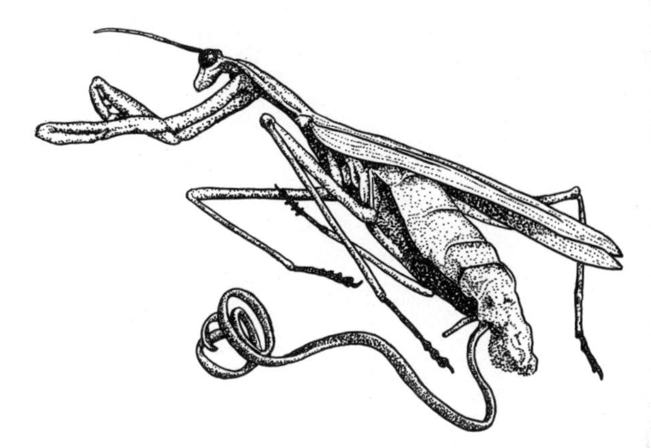

あなたがやんちゃ盛りの子どもだった頃、夏の暑い日に、カマキリ相手に「残虐な遊び」をしはしなかったか。そして、そんな子どもを諫めるかのように、カマキリの尻から硬質で長細く気持ちの悪い数十センチのモノがニョロニョロと這い出てはこなかったか。生き物の体からそこにはとても収まりそうにない長細いものが出てくるさまは、どこか80年代前後のリドリー・スコット映画のような風情があるが、これはリドリーの創った「エイリアン」ではなく、この生き物こそがハリガネムシである。

ハリガネムシは類線形動物門ハリガネムシ綱（線形虫綱）に属する寄生虫だ。その体はキューティクルで覆われ、針金のように硬い。ハリガネムシに寄生されたカマキリの腹部を水につけると、その尻からハリガネムシがのたうちながら飛び出してくる。何かのはずみで指にでも巻き付いてこようものなら、幼心に深いトラウマを刻むこと必至の惨劇だ。

ハリガネムシは宿主の体内で成虫になると時期をみて脱出し、水中で自由生活を行うようになる。なお、「ハリガネムシは爪の間からヒトの体内に侵入する」などとまことしやかな噂があるが、ヒトに寄生する事例はほとんどないため、その点は安心されたい。

アニサキス

Anisakis simplex

分類：線虫類

体長：幼虫〜 40mm、成虫 5 〜 20cm

中間宿主：オキアミ
待機宿主：サバ、タラ、イカ
終宿主：クジラ、イルカ

分布：世界各地

行き着いた先での不幸

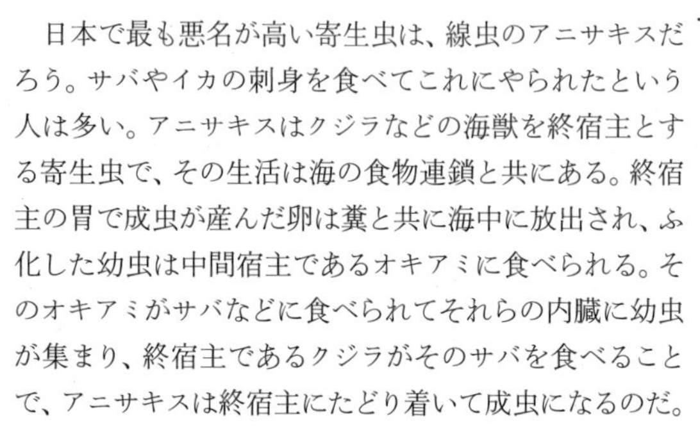

日本で最も悪名が高い寄生虫は、線虫のアニサキスだろう。サバやイカの刺身を食べてこれにやられたという人は多い。アニサキスはクジラなどの海獣を終宿主とする寄生虫で、その生活は海の食物連鎖と共にある。終宿主の胃で成虫が産んだ卵は糞と共に海中に放出され、ふ化した幼虫は中間宿主であるオキアミに食べられる。そのオキアミがサバなどに食べられてそれらの内臓に幼虫が集まり、終宿主であるクジラがそのサバを食べることで、アニサキスは終宿主にたどり着いて成虫になるのだ。

この食物連鎖に強引に割り込んでくるのがヒトだ。ヒトがアニサキスの幼虫が寄生したサバなどを獲って食べた結果、アニサキスは本来の終宿主ならざるヒトの胃袋におさまってしまう。ヒトに食べられたアニサキスは成虫になることができず、胃壁や腸壁に頭を突っ込んだりする。その結果、アレルギー症状を引き起こすことがわかってきた。ヒトはアニサキス症で病院に駆け込み、内視鏡の先についたピンセットで取り除かれてアニサキスの一生は終わってしまう。なんとも哀れではないか。

正しい終宿主にたどりついた寄生虫が悪さをすることはあまりない。目黒寄生虫館にはアニサキスの成虫が大量に寄生したクジラの胃壁の標本がある。胃壁に食い込んだ大量のアニサキスは人間なら悶絶（もんぜつ）ものだが、本来の終宿主であるクジラはなんともないらしい。アニサキスの運命を変え、双方に不幸をもたらしているのはヒトなのだ。

メジナ虫(むし)（ギニアワーム）

Dracunculus medinensis

分類：線虫類
体長：最大で100cm
中間宿主：ケンミジンコ
終宿主：ヒト
分布：アフリカ

アフリカでは、足の皮ふから出てきた“ヒモ”を棒で慎重に巻き取る衝撃的な光景が見られることがある。この1m近いヒモの正体は、線虫のメジナ虫だ。メジナ虫の幼虫はケンミジンコの体内に潜んでいて、このケンミジンコが含まれた水をヒトが飲むことでヒトの体内に侵入する。その後、腸から腹腔へと抜け出し、12カ月をかけて体長約1mの成虫になる。成虫になった雌は宿主の足の皮下に移動し体内に幼虫を蓄えて外界に放出する機会をうかがう。

この状態になると、感染者は患部から火が吹き出たような熱と痛みを感じ、たまらず水で冷やす。これがメジナ虫の思うツボで、患部を水につけると雌はすかさず水中に幼虫を放出するのだ。放出された幼虫がケンミジンコに食べられて、生活環が回る。水場で真っ先に水に触れる足への移動、患部の熱感と痛痒(つうよう)感——メジナ虫はどうも、自らが幼虫を放出する水場へ宿主を意図的に運んでいるフシがある。

原因が飲み水なので、家族やコミュニティがまとめて感染することが多い。感染の痛みで農作業が困難になり貧困問題が深刻化したため、WHOなどの国際組織が対策に乗り出した。その結果、昔は年間350万人いた感染者が近年では年間25人程度にまで激減している。メジナ虫は現在、人間によって撲滅されつつある寄生虫なのだ。

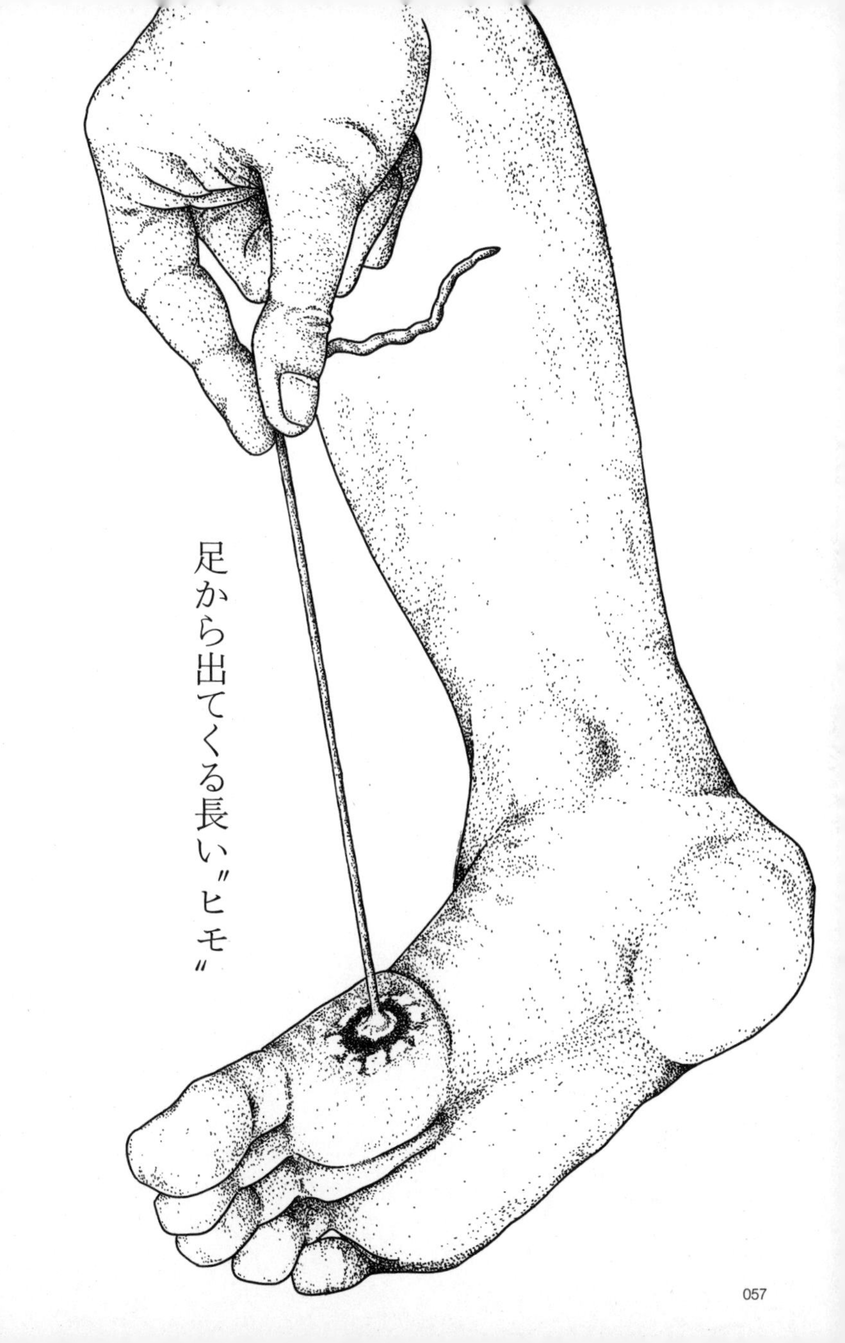
足から出てくる長い〝ヒモ〟

ギョウチュウ（蟯虫）

Enterobius vermiculari

分類：線虫類
体長：雄2～5mm、雌8～13mm
宿主：ヒト
分布：世界各地

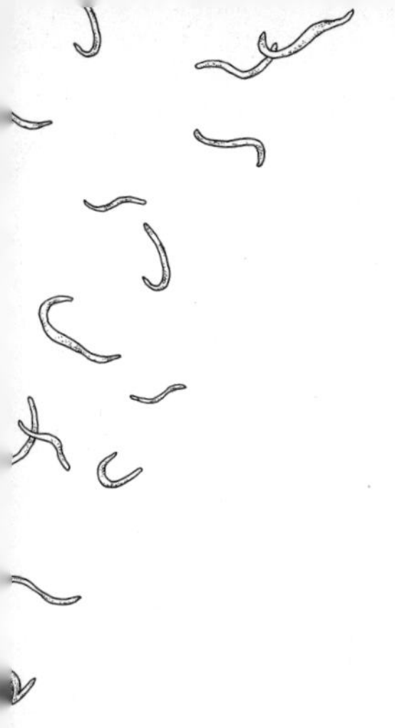

屈辱のキューピーさん

屈んでお尻にセロファンテープを貼るキューピーさんの絵に覚えはないだろうか。彼（彼女）に屈辱的な姿勢をとらせている犯人は、世界的にメジャーな寄生虫であるギョウチュウだ。

ギョウチュウは白い糸くずのような形状をした線虫の仲間だ。成虫は宿主の盲腸に寄生している。子宮に卵を蓄えられるだけ蓄えた雌は宿主が眠っている間に腸管を下って肛門から這い出し、約1万個もの卵を周囲の皮ふ上に産卵する。大量に産卵された肛門は痒くなるが、これがギョウチュウの戦略。無意識に肛門を掻くと卵が指に付着して最終的に再びヒトの口に運ばれることとなる。ヒトの体内に入ると十二指腸でふ化し、幼虫が盲腸に達して成虫となる。

宿主が寝ている間に産卵をするため、セロファンによる肛門検査は朝起きた直後に行う。肛門のかゆみで不眠になったり、まれに腹痛が起きたりするが、それほど怖い寄生虫ではない。現在の日本では前述の検査の徹底と駆虫のおかげで寄生率は1%を切り、小学校低学年に義務づけられていた検査はなくなった。

クラシカウダ
（旋尾線虫 TypeX 幼虫）

Crassicauda giliakiana

分類：線虫類
体長：幼虫５～10mm
中間宿主：ホタルイカ、タラ 終宿主：クジラ
分布：日本

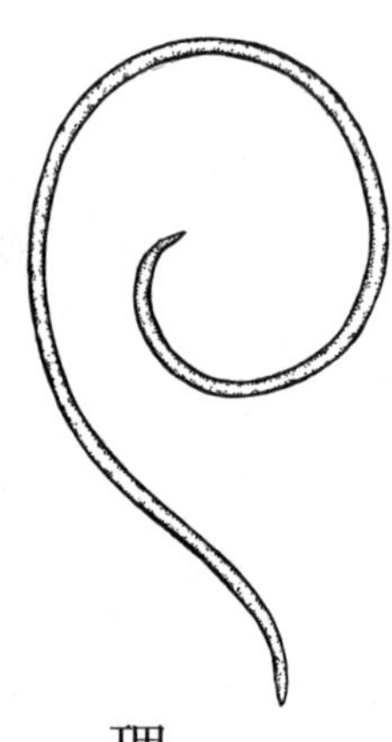

理想の大人になりたくて

春の味覚ホタルイカ。居酒屋などではボイルされて酢味噌を和えたものが提供されるが、そういえば刺身では見かけないなと思ったことはないだろうか。比較的最近になって知られたことだが、実はホタルイカには旋尾線虫類という線虫の幼虫がいて、これがヒトの体内に入ると皮ふの下を痕を残しながら這いまわったり、あげく眼球に移動したりと非常に厄介な症状を引き起こす。そのため、ホタルイカを生食したい時は、一度冷凍するか内臓を取り除かなければならない。

これは本来の宿主に入ることができなかった哀れな寄生虫の末路だ。入った先が予定とは異なる環境だったため成虫になることができず、幼虫のままヒトの体内を彷徨い歩くのだ。この状態の旋尾線虫を取り除くことは至難の技で、皮ふの表面付近にいる時に手術で取り出すしかない。

旋尾線虫の成虫は不明で、ヒトから見つかるものは「旋尾線虫TypeX幼虫」だけとされていた。しかし最新の遺伝子解析の結果、ツチクジラの腎臓にいる長い線虫が旋尾線虫の成長した姿であることがわかってきた。つまり、旋尾線虫が理想の大人になるためには、ホタルイカはヒトではなくツチクジラに食べられるべきだったのだ。

イヌ糸状虫(しじょうちゅう)（フィラリア）

Dirofilaria immitis

分類：線虫類

体長：雄成虫 20cm、雌成虫 30cm

中間宿主：蚊
終宿主：イヌ、ネコ、フェレットなど

分布：世界各地

愛犬家ならよく知るイヌの病気・フィラリア症。イヌが呼吸困難、腹水、貧血などを起こして衰弱死するこの恐るべき病気は、イヌ糸状虫という寄生虫によって引き起こされる。イヌ糸状虫は成虫がイヌの心臓や肺動脈に寄生し、20～30cmにもなる、細長いそうめん状の線虫だ。

この寄生虫は媒介者である蚊に乗って飛来する。雌が産出した幼虫は蚊がイヌから血を吸うとその体内に入り、2回の脱皮を経て成長、蚊が次の吸血をする際に吻(ふん)から現れて傷口から再びイヌに侵入する。フィラリアにはヒトを終宿主とするバンクロフト糸状虫という種もいて、こちらも蚊を媒介してヒトに寄生する。明治維新の立役者・西郷隆盛は移動の際に馬でなく駕籠(かご)を使っていたことが有名だが、これはバンクロフト糸状虫が引き起こした象皮(ぞうひ)病で彼の陰嚢(いんのう)が腫れ上がっていたためだ。

イヌ糸状虫はイヌの体内で成虫になってから薬で駆除しようとしてもその死骸が血管を詰まらせてしまい、重篤な症状を引き起こしてしまう。しかし、予防（幼虫の駆虫）によっては、ほぼ100%阻止できる。つまり愛犬がフィラリアに寄生されてしまったら、それは飼い主の責任だ。イヌといつまでも楽しく過ごすため、愛犬家はこの寄生虫に目を光らせたい。

空から愛犬に襲いかかる
〝そうめん〟

マツノザイセンチュウ

Bursaphelenchus xylophilus

分類：線虫類
体長：成虫0.9mm
宿主：アカマツ、クロマツ
分布：世界各地

マツを枯らす異種タッグ

マツの木の中で脱皮をしたばかりのカミキリ。その周りにはある寄生虫が集まってきて……。

秋になると北海道を除く日本各地でマツが枯れる。この「マツ枯れ」と呼ばれる現象はマツノマダラカミキリなどいわゆる「松くい虫」という昆虫に引き起こされていると考えられていたが、最近になって真犯人がいるということがわかってきた。カミキリがマツの樹皮を食べる際にできる傷口から、マツノザイセンチュウという外来の寄生虫がマツに入り込んでいたのだ。この寄生虫がマツの細胞を食べるため、マツは根からの水の移動が妨げられて枯れてしまっていたのである。

カミキリは枯れたマツに誘引されて交尾と産卵を行う。その幼虫が成長してサナギから成虫になるときに、このセンチュウは既にその周りに集まってきていて、気門からカミキリの体内に乗り移る。センチュウを乗せたカミキリは松林で健康なマツの樹皮を食べてまわり、その傷口からセンチュウがマツに侵入する。こうして松林の中のマツが次々と枯れていくことになる。

センチュウはカミキリのおかげで健康なマツに移動できる。一方、カミキリはセンチュウのおかげで健康なマツが枯れるため、産卵する場所が増える。このセンチュウはマツを宿主とする寄生虫だが、カミキリとは共に利益を得て助け合う相利共生の関係にある。マツの天敵である2種の生物が手を結んだこの異種タッグ。彼らの勢力拡大を阻むのは至難の技だ。

カイチュウ（ヒト回虫）

Ascaris lumbricoides

分類：線虫類
体長：雄成虫20cm、雌成虫30cm
宿主：ヒト
分布：世界各地

カイチュウは体長が20～30cmもある大型の線虫で、目につきやすいことから古代ギリシア時代には既に知られていた寄生虫だ。現在でも世界中で約14億人、地球上の全人口の5人に1人に寄生している。

糞便と共に外に出たカイチュウの受精卵はヒトの口に入り、ふ化した幼虫は小腸から肝臓を経由して肺に行った後に、気管支を上がって口から飲み込まれて再び小腸へ戻るという数カ月にわたる複雑な体内回りの末に成虫となる。その後は1～2年の寿命が尽きるまで、体の大部分を占める生殖器をフル稼働させ、雌は1日に20万個もの卵を産む。少数が小腸でおとなしくしている場合にはさほど問題はないが、胆管や虫垂に迷入されると激しい腹痛を起こすこともある。

日本でも第二次大戦直後には国民の70%に寄生していて国民病ともいわれた。しかし、野菜の栽培に人糞ではなく化学肥料が使われるようになり、また水洗トイレが発達するにつれてカイチュウがヒトに寄生することは難しくなってきた。このようなことから一時はほぼ駆逐されていたカイチュウだが、最近は新鮮なまま日本に輸入された野菜からと考えられる寄生がみられ始めた。また、ヒト回虫に近縁なブタ回虫もヒトに感染性があり、ブタの糞尿を処理不十分なまま肥料に使った有機栽培の野菜類からブタ回虫に感染したと考えられる例も少なくない。切っても切れない、ヒトとカイチュウの関係はまだまだ続く。

今後ともヨロシク……

アライグマ回虫

Baylisascaris procyonis

分類：線虫類
体長：雄成虫10cm、雌成虫20cm
宿主：アライグマ
分布：北米

「ぼくのともだち」のともだち

北米原産のアライグマ。表情やしぐさが愛らしく、1970年代に放送されたアニメーション作品の影響もあって、一時期はペットとして毎年数千頭が日本に輸入されていた。しかし、現在、捨てられたり飼育施設から逃げ出したりしたアライグマが野生化し、日本全国で大繁殖。農作物を食い荒らされたり家屋に侵入されて糞尿をまき散らされたりする被害が後を絶たない。アライグマは手先が器用で簡単なかんぬきくらいなら開けてしまうことや、成体になると気性が荒くなり、そもそもペットには向いていない動物であることが誤算だった。前述のアニメでも、当初は「ぼくのともだち」であったアライグマは持て余され、最終的には森に捨てられている。

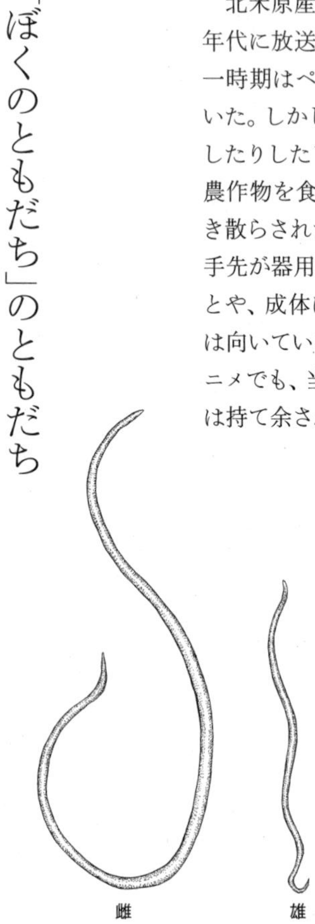

アライグマカイチュウの成虫。

そんなアライグマの消化管に寄生するのがアライグマ回虫だ。この寄生虫は本来の宿主であるアライグマの体内にいるぶんには目立った症状は引き起こさないが、誤って別の生物に卵や幼虫が侵入してしまうと大きな問題を起こす。たとえばヒトやサル、ウサギ、リスなどに寄生した場合は幼虫のままその体の中を動き回るのだ。これを幼虫移行症という。この幼虫移行症はイヌ回虫やネコ回虫でも起こりうるが、アライグマ回虫の場合は幼虫が2mmと大型でしかも脳や眼球に移行する性質があるため、症状がとても重くなる。雌は1日に数十万個もの卵を消化管の中に産み、それがアライグマの糞と共に排泄されるのだが、糞が混じった土によく触ることが多い子どもや猟師に感染し、米国では患者が失明したり死亡したりしたケースもある。

現在、アライグマは外来生物法によって「特定外来生物」に指定され、研究目的以外での国内への持ち込みや販売が禁止されている。今のところ国内にいる野生のアライグマにアライグマ回虫の寄生は確認されていないが、過去には動物園のアライグマからこの寄生虫が検出されたこともあり、今後日本国内でアライグマ回虫が広がらないという保証はない。動物園などの展示施設で飼われているアライグマについては検査の徹底、野良アライグマに関しては直接の接触を避け、糞をする場所には近づかないなどの注意が必要だ。

アライグマ回虫にかぎらず、海外の珍しい生物を飼育することがブームとなり、これまで国内に存在しなかった寄生虫が宿主と共に持ち込まれるということが起きている。安易に動植物を移動させるということは、元の生態系を大きく変えてしまったり、新たな病原体を持ち込んでしまったりする可能性があるということをしっかりと認識しておきたい。

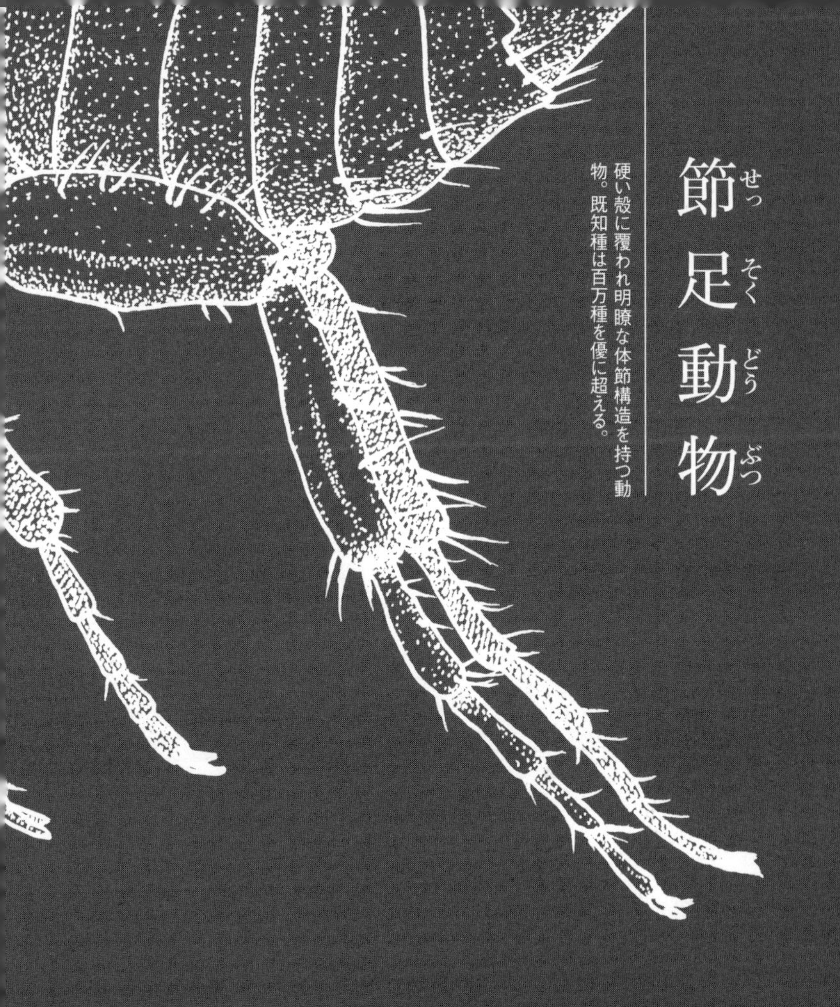

節足動物（せっそくどうぶつ）

硬い殻に覆われ明瞭な体節構造を持つ動物。既知種は百万種を優に超える。

エメラルドゴキブリバチ

Ampulex compressa

分類：昆虫類
体長：20mm
宿主：ゴキブリ
分布：熱帯地域

黒光りする楕円の胴体から出るギザギザとした足。こまかく動く細長い触角。素早く走り、たまに飛ぶ。我々に生理的嫌悪感を覚えさせる最もメジャーな昆虫、それはゴキブリだろう。多くは森林性だが、およそヒトが生活しているすべての環境にも棲息し、その環境適応力から「たとえ地球上から人類が絶滅してもゴキブリだけは絶滅しない」とさえ言われている。

しかし、そんなタフなゴキブリにも天敵がいる。エメラルドゴキブリバチだ。青緑色の金属光沢を放つシャープな外骨格を持った小型のハチで、広く熱帯地域に分布する。このハチは生きたゴキブリを幼虫の餌として繁殖するのだが、その仕打ちは凄惨を極める。

エメラルドゴキブリバチの雌はゴキブリを2度刺す。まず面積の広い胸部神経節に1度目の刺撃を行い、ゴキブリの動きを止める。動きが止まったら、頭部にある脳に対して2度目の精密な刺撃を行う。頭部を刺されたゴキブリはハチから逃げることをやめて、身繕いを始めてしまう。脳に流し込まれた毒で、逃避反射が麻痺してしまうためだ。ゴキブリが大人しくなったら、ハチは顎でゴキブリの2本の触角を短く切る。これは、触角から体液を啜(すす)って格闘でハチが消耗したスタミナを回復させるためだとか、注入した毒の量を調整して生かさず殺さずの状態を保つためだとか言われているが、詳しくはわかっていない。

残酷なるゴキブリ・キラー

その後、ハチはゴキブリの触角を引っ張って巣穴まで誘導する。逃避反射を封じたのは、自分より体の大きなゴキブリを自らの足で歩かせるためだ。ゴキブリはハチに引っ張られるまま素直に巣穴まで歩いていき、そこで体の表面に卵を産み付けられる。ハチはゴキブリが他の動物に食べられてしまわないように巣穴を石で塞いだら、飛び去ってしまう。

卵からふ化したハチの幼虫は、ゴキブリの腹部を食い破って体内に侵入し、そこで内臓を食べながら成長する。やがてゴキブリの体内でサナギとなった幼虫が羽化して巣穴から飛び立つと、後にはただ中身を食い尽くされてぺちゃんこになったゴキブリの外骨格だけが残される。生きながら内臓を食われていったゴキブリに苦しみはあったのだろうか？ それは、当事者ならぬ我々にはわからない。宿主となったゴキブリが必ず死んでしまうエメラルドゴキブリバチのような寄生は、捕食寄生と言われる。

その生態や容姿によって我々から毛嫌いされているゴキブリ。しかし、エメラルドゴキブリバチから受けている仕打ちを見れば、もはや彼らに対しては同情を禁じ得ない。明日からは少し優しい目で彼らを見ることができるだろう。

ヒトヒフバエ

Dermatobia hominis

分類：昆虫類
体長：成熟幼虫18～24mm、成虫12～18mm
宿主：ヒト、その他哺乳類、鳥類
分布：中南米

ヒトの皮ふから出づるハエ

映画『エイリアン２』ではエイリアン・クイーンの卵からふ化したフェイスハガーが幼体を宿主に産み付け、体内で育ったチェストバスターがその胸部を食い破って出てくる。「エイリアン」はフィクションだが、もし中南米を訪れるなら、あなたの体内に潜り込もうとする現実の侵入者には十分気をつけるべきだ。ヒツジバエ科のヒトヒフバエは、その名のとおりヒトの皮ふを内側から喰らうおぞましい寄生虫だ。雌のヒトヒフバエの成虫は蚊やアブなどの吸血昆虫の腹に卵を産み付ける。その吸血昆虫がヒトを吸血する際に腹の卵からヒトヒフバエの幼虫がふ化し、刺し傷から皮ふに侵入するのだ。幼虫は温かい皮ふの中で体組織を食べながら数カ月かけて成長していく。十分に肥え太ると侵入した穴から這(は)い出て地面に落ち、土の中でサナギになった後、羽化して成虫になる。

幸いヒトヒフバエの幼虫はチェストバスターよりもはるかに小さい。寄生部位も皮ふの下にかぎられるため成長して這い出てきても宿主は死ぬことはないが、それでも幼虫に寄生されている間は患部の痒(かゆ)みや痛みにさいなまれることになる。寄生されてしまったときの対処法は外科手術による摘出だ。手術というと大げさだが、たいていは侵入口からはみ出す幼虫の体の一部をピンセットでつまんで引っ張り出すことで事が済む。

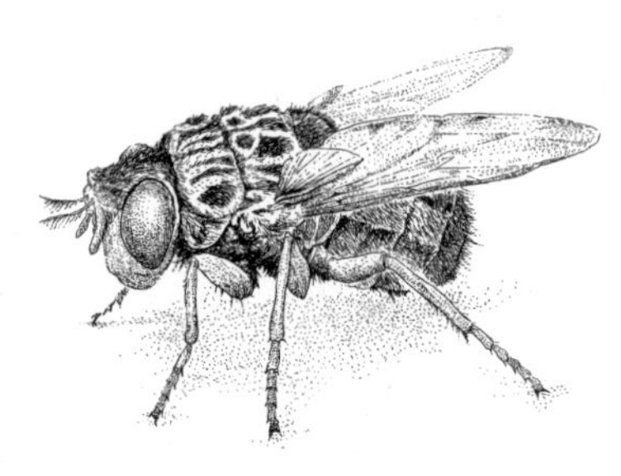

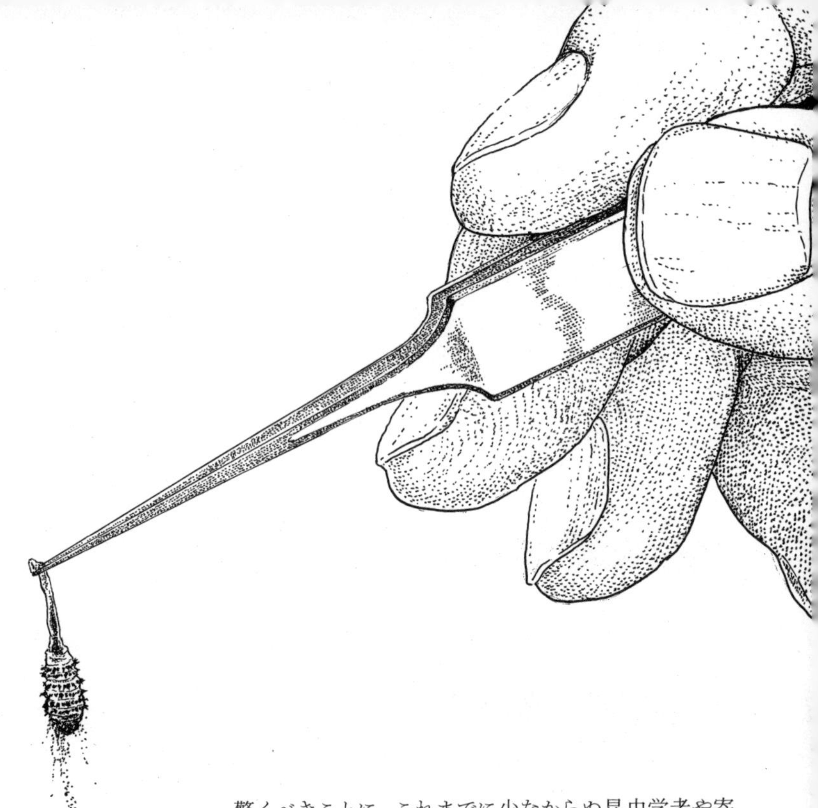

驚くべきことに、これまでに少なからぬ昆虫学者や寄生虫学者が自らの体を苗床にしてこのグロテスクな寄生虫の飼育実験を行っている。それは純粋な知的探究心のなせるわざか、はたまたハエを「出産」したという武勇伝をつくりたいがための暴挙か。

気になるのは、自らの体を差し出した学者の多くが、皮ふの下で幼虫が成長していくにつれて「『この子を守ってあげたい！』という思いがこみ上げてきたんだ」と語っていることだ。あまり考えたくないことだが、もしかしたらこの寄生虫は、ヒトの肉を食べるだけでなく我々の本能に備わった母性すら利用しているのかもしれない。

セミヤドリガ

Epipomponia nawai

分類	昆虫類
体長	幼虫0.8mm～10mm、成虫8mm
宿主	ヒグラシ
分布	日本、韓国、中国

ヒグラシの鳴く頃に

夏の明け方や夕暮れの薄暗い時間、村落付近のスギやヒノキの植林地や神社林では「カナカナカナカナ」という鳴き声が聞こえる。鳴いているのはヒグラシだが、その蟬(せみ)時雨(しぐれ)の中には寄生虫のセミヤドリガがいるかもしれない。

セミヤドリガは幼虫がヒグラシに寄生する珍しいガだ。1898年に自ら「昆虫翁」を名乗る在野の昆虫研究家・名和(なわ)靖(やすし)が成虫を発見し、1903年、名和昆虫研究所が発行する昆虫学雑誌『昆虫世界』で世界へ初めて紹介された。

セミヤドリガの幼虫は多いときには6～8匹が同時にヒグラシの成虫に寄生する。これだけの数の幼虫がのし掛かると、その重みと横取りされる栄養で宿主にも大きな害がありそうなものだが、目立った悪影響は確認されていない。幼虫は宿主の体液を吸いながら純白のロウ物質で体を覆った5齢幼虫にまで成長する。成熟した幼虫は口から出した糸にぶら下がり適当な場所をみつけて繭(まゆ)を作るが、このとき体に生えていた毛を口で抜いて周りに白い壁をつくりその中で繭を完成させてサナギになる。羽化した成虫の寿命は4～5日で、その間に産卵する。不思議なことに、成虫のほとんどは雌でどうやら交尾をせずに産卵しているらしいが、詳しいことはわかってない。卵で越冬し、翌年のヒグラシが鳴く頃になると卵からふ化して宿主に寄生する。

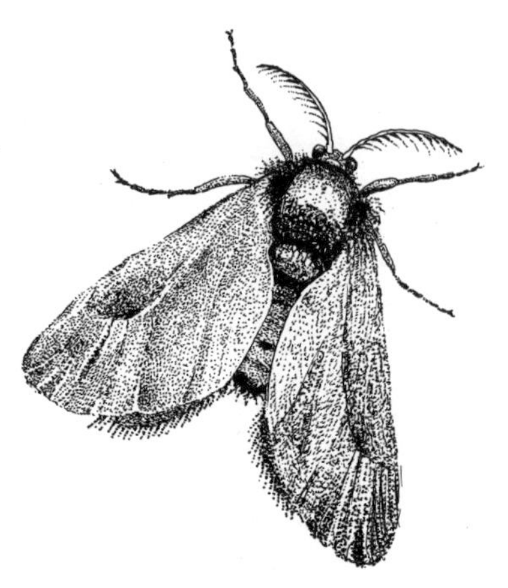

日本にはヒグラシに寄生するセミヤドリガとは別に、ニイニイゼミに寄生するニイニイヤドリガがいるとされている。ただ、ニイニイヤドリガについては、1954年に東京の石神井で幼虫（とされるもの）が1個体採集されただけで成虫は見つかっておらず、学名さえついていない。よほど希少な種なのか、あるいは1954年を最後に絶滅してしまったのかもしれない。我こそはと思う人は、この「幻の寄生虫」を探してみてはいかがだろうか。

南京虫(なんきんむし)（トコジラミ）

Cimex lectularius

分類：昆虫類
体長：5～7mm
宿主：ヒト
分布：世界各地

今夜は寝かさないんだから！

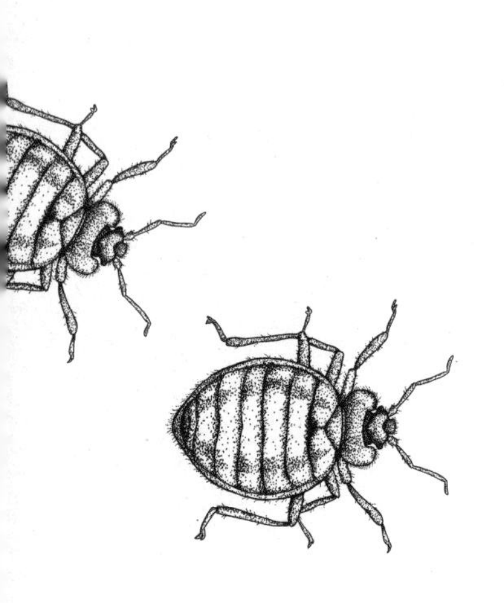

南京虫は、近世～近代に、海外から日本に渡ってきた。シラミと命名されているが、シラミ目ではなく、カメムシ目の昆虫である。頭に冠した「南京」という言葉は、「外来の」という意味で、「中華人民共和国江蘇省の南京市にいる虫」というわけではない。彼らがはるばる海を渡ってきた理由は、ズバリ、ヒトの血を吸うためだ。

南京虫に刺されると、激しい痒(かゆ)みの症状が現れ、とても寝られたものではなくなってしまう。そこから付いた別名が「トコジラミ（床虱）」。英語でも“bedbug”と呼ばれている。一昔前の日本では「安宿に泊まったが南京虫に悩まされ、朝まで一睡もできなかった」などというこ

とが往々にしてあった。しかし、昭和の終わり頃までにほとんどの南京虫が駆逐され、一時はあまり見られなくなっていた。一方で、海外にはいまだ南京虫が猛威を振るっている地域が多くあり、さらに薬剤耐性を持つものも現れているため、旅行をする際には注意が必要だ。日本国内においても、近年では、外国からの人や物資の流入増加によって侵入し、再びその被害が報告されるようになってきている。

同衾(どうきん)した相手からアツいキッスを迫られ、なかなか眠らせてもらえないということは、通常なら大歓迎だが、それが南京虫の吸血キッスというならご遠慮したい。

ヒトノミ

Pulex irritans

分類：昆虫類
体長：1.5～3mm
宿主：哺乳類、鳥類
分布：世界各地

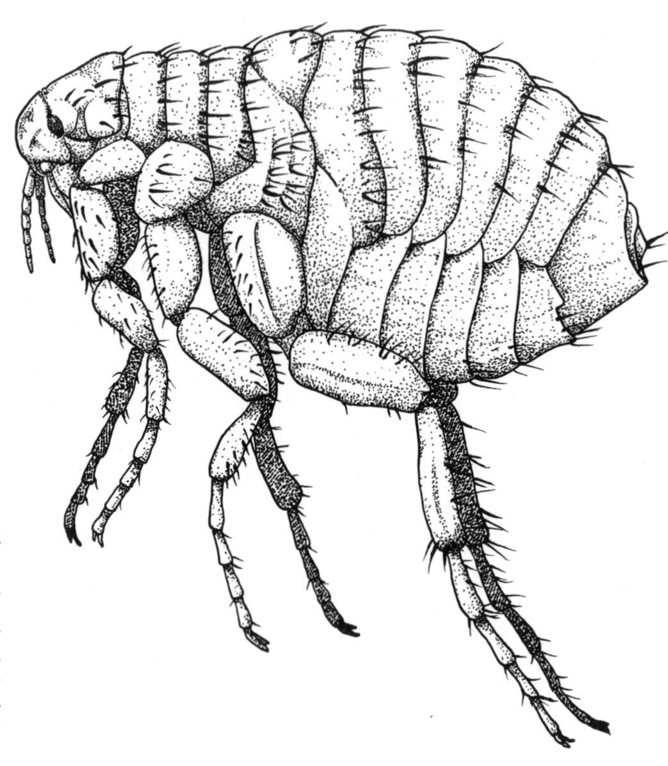

寄生虫界随一の運動能力

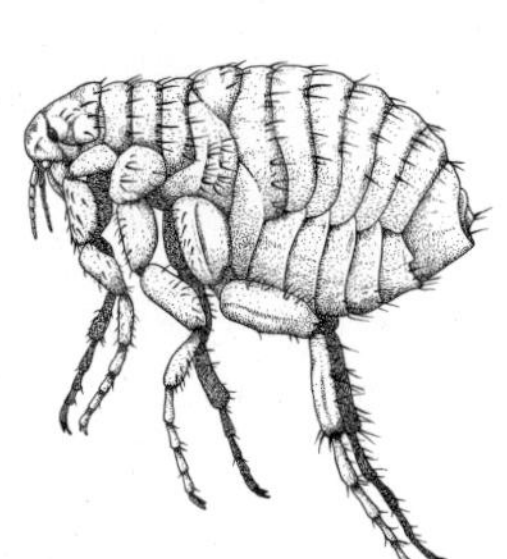

ノミは昆虫の仲間でシラミと並び代表的なヒトの外部寄生虫だ。蚊などと同じく二酸化炭素を感知して宿主を探し、針のような口器でその血液を飲む。動物の血液は栄養満点だ。この血液にありつくためノミたちは自らの体を進化させてきた。

キチン質で覆われた左右に扁平な流線型の体は、宿主の体毛をかき分けて移動することに特化している。また、ノミの祖先には翅(はね)があったと考えられているが、宿主の体表を移動する際に翅は体毛に引っかかって邪魔になるので退化した。代わりに軽い体重のわりにとてつもなく進化した脚力を備え、体長の数十〜数百倍もの距離を弾丸のように飛び跳ねることができるようになった。

この高い運動能力を買われ、彼らは人間によって「ノミのサーカス」という芸をさせられることがある。「ノミのサーカス」ではノミが馬車の模型を引いたりダンスをしたりするのだが、犬や猿などの芸とは違いノミたちは反射で飛び跳ねているだけである。とにかく血を吸って繁殖すること、ノミたちの生きる目的はそれだけだ。

ネコを宿主とするネコノミ、イヌを宿主とするイヌノミ、ネズミを宿主とするネズミノミなど多くの種類がいるが、吸血の対象はわりと柔軟である。

ニキビダニ

Demodex folliculorum/Demodex brevis

分類：ダニ類
体長：0.2〜0.4mm
宿主：ヒト
分布：世界各地

あなたの顔にもきっといる

あなたの顔には、あなたが物心つく前からずっと一緒にいる寄生虫がいる。それがニキビダニだ。ニキビダニは棒状の体の前方に4対8本の短い脚が生えた体長0.2〜0.4mmほどの微少なダニだ。その細長い体で毛穴の内側の毛包や皮脂腺に寄生して細胞などを食べている。ヒトの顔には二種類のニキビダニがいて、一つの毛包に5〜6匹の群れで寄生するニキビダニと皮脂腺の中に単独で寄生する体の短いコニキビダニとに分けられる。これらが世界中のヒトの顔に寄生しているのだ。

名前に「ニキビ」とついているが、必ずしもニキビに寄生しているわけではなく、健康な顔のあらゆる場所にいる。余分な皮脂や細胞を食べて分解してくれるため、皮ふのバランスを正常に保つのに役立っているが、皮ふに免疫系の働きを抑えるステロイド外用剤などを使うと増殖し、顔に赤い発疹が出ることもある。

ニキビダニはヒト同士のちょっとした皮ふの接触で感染する。多くの新生児では親に寄生していたニキビダニの一部がうつるのだ。そうやってヒトの顔で棲息範囲を広げたニキビダニは、とても長い間、ヒトに寄り添い、ヒトと共に進化をしてきた。そのため、世界各地の人々の顔に寄生するニキビダニのDNAを比較することでヒトの進化の系統がたどれるとされ、研究が進められている。

「こんなグロテスクな生き物が自分の顔に棲(す)みついているなんて耐えられない！」という人もいるだろう。しかし、ニキビダニはあなたが生まれ、初めて親に抱かれたときから、ずっとあなたと共にいたのである。今さら邪険にせず、今後も仲良くやっていこうではないか。

タカサゴキララマダニ

Amblyomma testudinarium

分類：ダニ類

体長：6 ～ 7mm
飽血時で最大 30mm

宿主：哺乳類、鳥類

分布：アジア各地

いちど咬み付いたら、
満足するまで放さない

山林や草地に潜み、あなたの肌に音もなく降り立つ生物――ダニ。昆虫よりクモやサソリに近い生物で、体長0.1mm前後の小さいものから1cm以上の大きいものまでさまざまな種類がいるが、その中でも大きくて硬い外皮を持つのがマダニの仲間だ。鋏角というハサミ状の口器で宿主の皮ふを切り裂き、口下片と呼ばれるギザギザの歯がついた突起物を刺し入れて吸血する外部寄生虫である。

卵からふ化したマダニの幼虫は宿主を求めて咬着・吸血した後、地上に落ちて脱皮し、若虫になる。若虫もまた宿主を求めて吸血した後、地面に落ちて成虫になる。成虫はさらに別の宿主を吸血する。十分に吸血した雌の成虫は、交尾をして落下。土の中で300～1000個の卵を産んだ後に死ぬ。

マダニは幼虫、若虫、成虫の各段階で数日から1カ月という長い時間をかけて、満腹になるまで宿主から吸血する。最大まで血を吸った状態を「飽血」といい、体は見違えるほど大きくなり、体重は100倍にもなる。ダニに咬着されても無症状なので、ダニが大きくなって初めて咬まれていることに気づく場合が多い。吸血によって時にウイルスや細菌が媒介されるので厄介だ。

左の図はヒトから吸血して10円玉サイズになったマダニの一種、タカサゴキララマダニ。日本最大のダニだ。目黒寄生虫館に実物が展示されているので、ぜひその目で見ていただきたい。

カイヤドリウミグモ

Nymphonella tapetis

分類：皆脚類（かいきゃくるい）

体長：幼体0.1～5mm
成体6～10mm

宿主：アサリ、マテガイ、シオフキなど

分布：日本各地

アサリの簒奪者（さんだつしゃ）

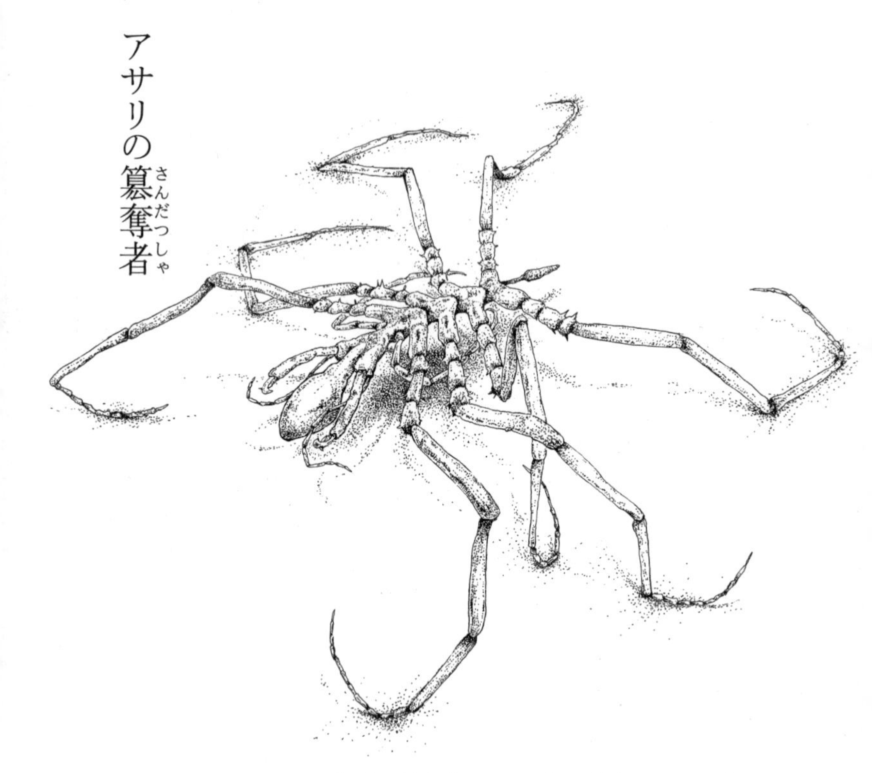

2007年夏、東京湾でアサリ漁に従事している漁師たちは悲鳴をあげた。日本の主要なアサリ漁場の一つである千葉県木更津市の海、その岸壁に大量のアサリの死骸が打ち上げられたのである。

アサリにはヒトデやツメタガイ、キセワタガイといった天敵がいるが、このときアサリを大量死に追いやったのは突発的に大発生したカイヤドリウミグモである。細長い８本の脚をもつウミグモは、名前に「クモ」とついてはいるが陸生のクモの仲間ではない。小さな胴体に対して長い脚が目立つため皆脚類（かいきゃくるい）と呼ばれる海産の節足動物だ。カイヤドリウミグモは幼体のときにアサリやマテガイ、シオフキなどの二枚貝に寄生する。アサリに侵入したふ化幼生は宿主の体液を啜（すす）りながら成長し、やがて成体になると宿主から這（は）い出て海底の砂地で自由生活をするようになる。ウミグモに寄生されたアサリは栄養を奪われるだけでなく、水管からエラまでの水流が遮られ呼吸困難におちいる。ウミグモが加減を知らずに何匹もアサリに寄生すると、やがてアサリは衰弱死してしまう。

2007年に千葉で確認されたカイヤドリウミグモは翌年には愛知県の三河湾、さらに福島県松川浦でも大発生し、これらの漁場に棲息するアサリの体液を吸い尽くした。実際、ウミグモが大量発生する前年には3000トン近くあった木更津のアサリ生産量は、2007年には1750トン、2008年には放流が行われなくなったこともあり約300トンにまで激減している。

人間サマだって黙ってウミグモにアサリを奪われているわけではない。元々希少でその生態がほとんど不明であったウミグモの研究を急ピッチで進め、対抗策を次々と打ち出している。ウミグモの寄生時期を避けてアサリを放流したり、ウミグモが大量発生した海域で宿主となる二枚貝を撤去して兵糧攻めにしたり、砂地にいるウミグモの成体をチェーンでひき殺そうとしたり、船でネットを曳（ひ）き回し捕獲したり、ウミグモを捕食するマコガレイを放流したりと、考えうるかぎりの作戦を立てて実行に移してきた。ただ、いまだウミグモの根絶には至らず、アサリをめぐるウミグモと漁業者の激しい攻防は今なお続いている。

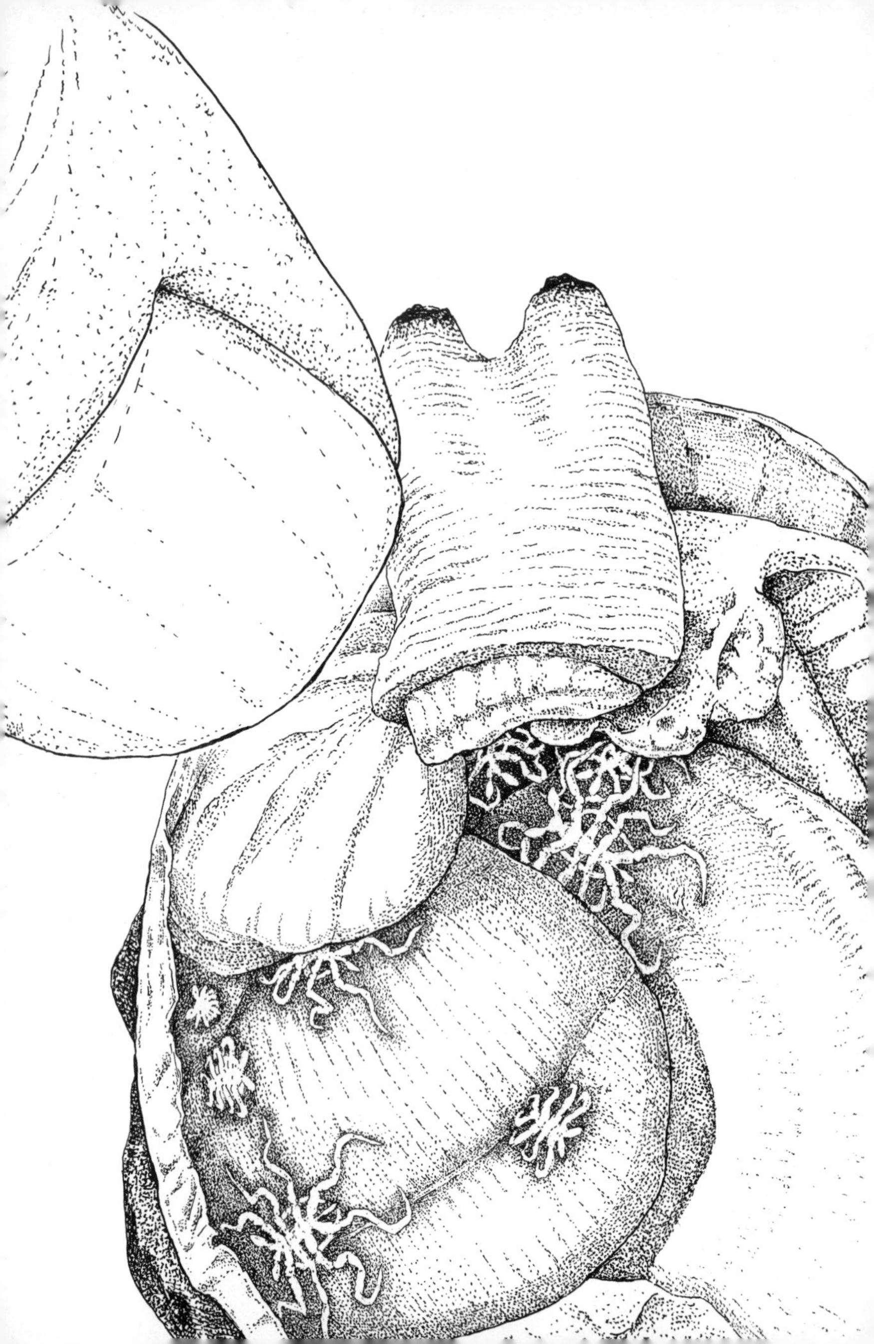

クジラジラミ（ホソクジラジラミ）

Cyamus boopis

分類：端脚類（たんきゃくるい）
体長：最大で20mm前後
宿主：クジラ、シャチ、イルカ
分布：不明（クジラの分布と同じと考えられる）

クジラに乗って、共に旅する海

地球上の全生物の中で最大の巨体をほこるクジラ。その広大な体表面では、フジツボをはじめいろいろな生物が生活している。その一つがクジラジラミだ。クリーム色の体に柄のない小さな眼、放射状に拡がる頭部の触角と鈎のついた5対の胸脚。クジラの体表に折り重なるようにビッシリとへばりついており、この手のビジュアルが苦手なヒトは思わず鳥肌が立つことだろう。「シラミ」と名が付いているが、ヒトの頭皮に寄生して血を吸う昆虫の「虱」とは異なり、端脚類（たんきゃくるい）というヨコエビやワレカラの仲間だ。

クジラジラミは鎌状の脚で体をしっかりと固定し、宿主の表皮を食べている。当然痒（かゆ）いのだろう。クジラが海面上に豪快に持ち上げた自らの体を水面に叩きつける「ブリーチング」という行動は、このクジラジラミを落とすために行われていると言われている。

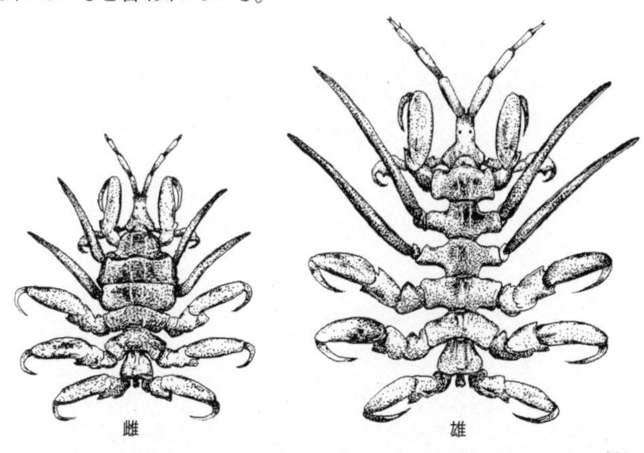

クジラジラミは回遊するクジラと共に、時には数千メートルの潜降による水圧に耐え、時にはブリーチングを凌(しの)ぎ、おそらくその一生をクジラの体表で終えている。泳ぎは得意ではなさそうだから、宿主間の移動はあったとしてもせいぜい子育て中の親から子どもくらいのものだろう。もしクジラジラミが近しいクジラの体表で世代交代を繰り返しているならば、クジラジラミはクジラの家族ごとに独自の変異や進化をしていることになる。つまり、クジラジラミの遺伝子を調べていけば宿主であるクジラの系群がわかるかもしれないのだ。

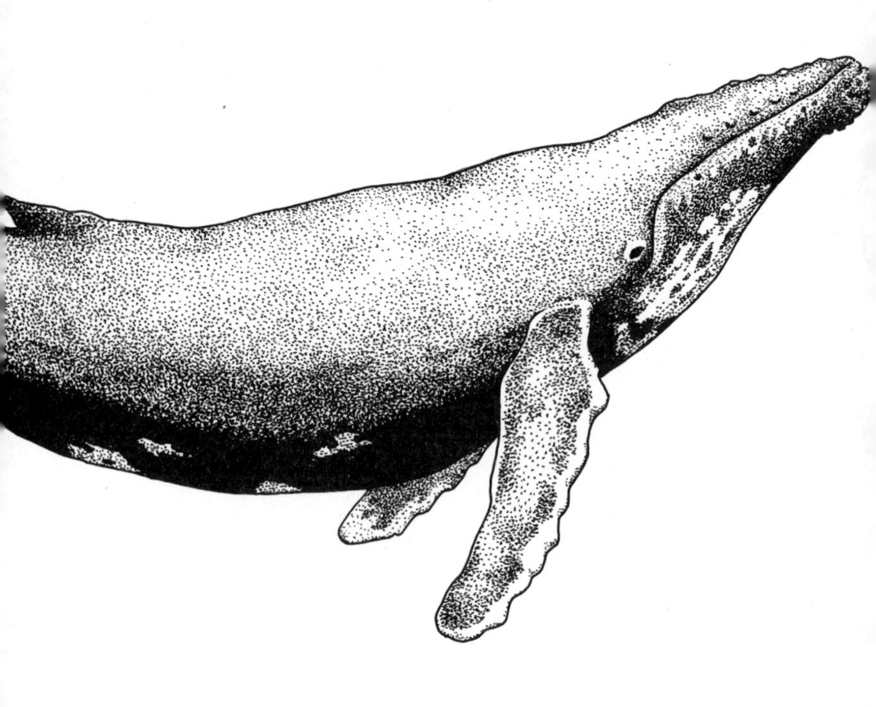

（右）クジラの体表に固着するフジツボとクジラジラミ。

イカリムシ

Lernaea cyprinacea

分類：カイアシ類
体長：雌10～12mm
宿主：淡水魚
分布：世界各地

宿主の体表に降ろす「碇（いかり）」

キンギョの体表に刺さった針のようなものは、寄生虫のイカリムシだ。イカリムシの名前の由来は「怒り」ではなく、その形態から船のイカリ（碇）である。コイ科の魚をはじめとした多くの淡水魚の体組織にイカリの形をした頭部を撃ち込んで寄生する。まさにイカリを降ろすのである。

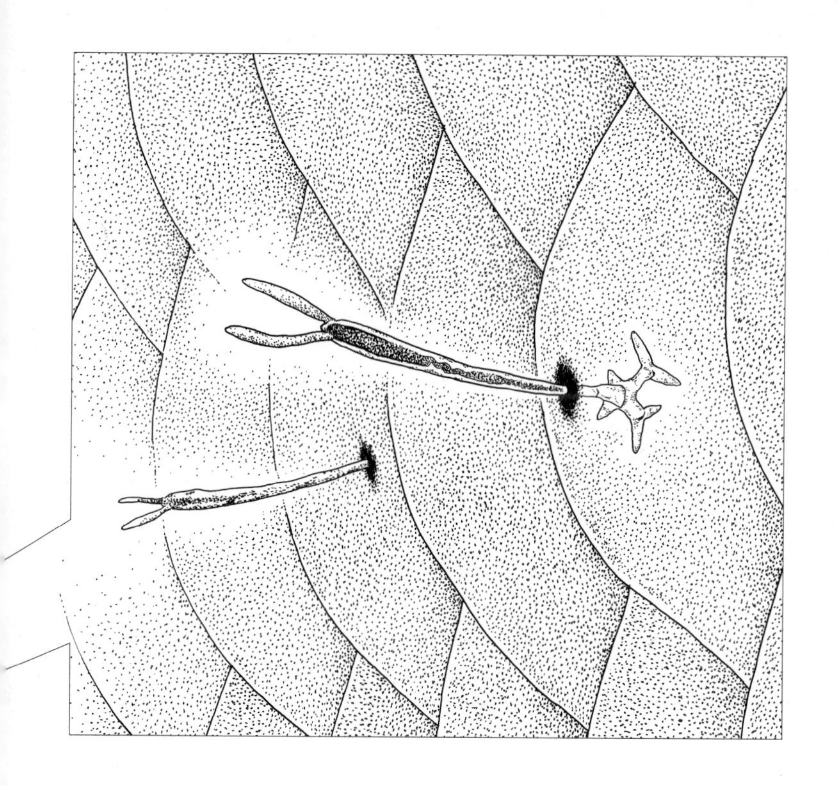

カイアシ類という甲殻類、ケンミジンコの仲間で、ふ化してから脱皮を繰り返すうちに幼生の時期とは似ても似つかぬ形に変貌していく。宿主の体表に固着しているのは雌の成虫で、雄の成虫は固着せず宿主の体表を動き回って雌と交尾を終えると死滅する。一年のうちに4～5回の世代交代を行い、雌は一生のうちに10回以上産卵し、5000個もの卵を産む。

アクアリウム水槽でしばしば見られ、放置しておくと大量発生して魚の全身に寄生する。一度大量発生すると完全な駆除が難しいので、愛魚の体表にこの寄生虫を見つけたアクアリストは「怒り」に震える。

ホタテエラカザリ

Pectenophilus ornatus

分類：カイアシ類
体長：雌最大8mm
宿主：ホタテガイ、アカザラガイ
分布：日本

殻を開けたホタテガイのエラに並ぶ無数の柿色の花。この「花」は、ホタテエラカザリという歴とした生物である。ホタテガイのエラを飾っているように見えることからその和名が付いたが、実際にはホタテガイを宿主とし、そのエラの血管に口を連結して血液を啜(すす)る寄生虫だ。

ホタテエラカザリはツルリとした体表面に1個の出産孔だけを備えている。その奇妙な出で立ちからは思いも寄らないが、なんとカイアシ類という甲殻類、ケンミジンコの仲間だ。卵からふ化した当初こそ一般的なカイアシ類と同様の形態をしているが、寄生生活に適応していくうちに一切の体節構造を捨て去ってのっぺりとした塊になったのである。宿主のエラに寄生しているのは雌で、雄は数匹が雌の体内で生活している。体内で受精した卵が育児嚢(いくじのう)という袋の中でふ化するとノープリウス幼生が産出孔から泳ぎ出て、そのうちの雄が既に変形を終えた雌の出産孔から体内に入り込むと考えられている。当然、中で成長してしまうと二度と外界に出てくることはできない。

ホタテエラカザリのノープリウス幼生。

あまりに変わり果てた姿にこれまでその素性は不明だったが、近年、詳細な形態の観察と遺伝子の解析によりその正体がカイアシ類であることが判明した。眼も触角も脚も捨て去り、雄を抱えて、ポコポコと産んだ卵を育児嚢でふ化させる塊に変形したホタテエラカザリの雌。なんとも奇妙な寄生虫である。今のところ、日本でのみ発見されている。

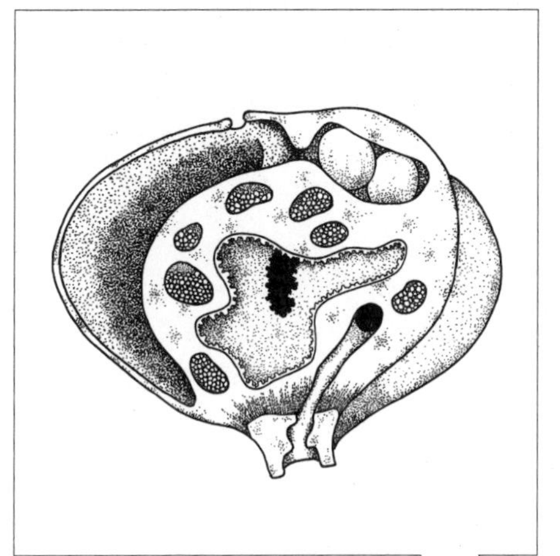

眼も
触角も
脚も
捨て去って

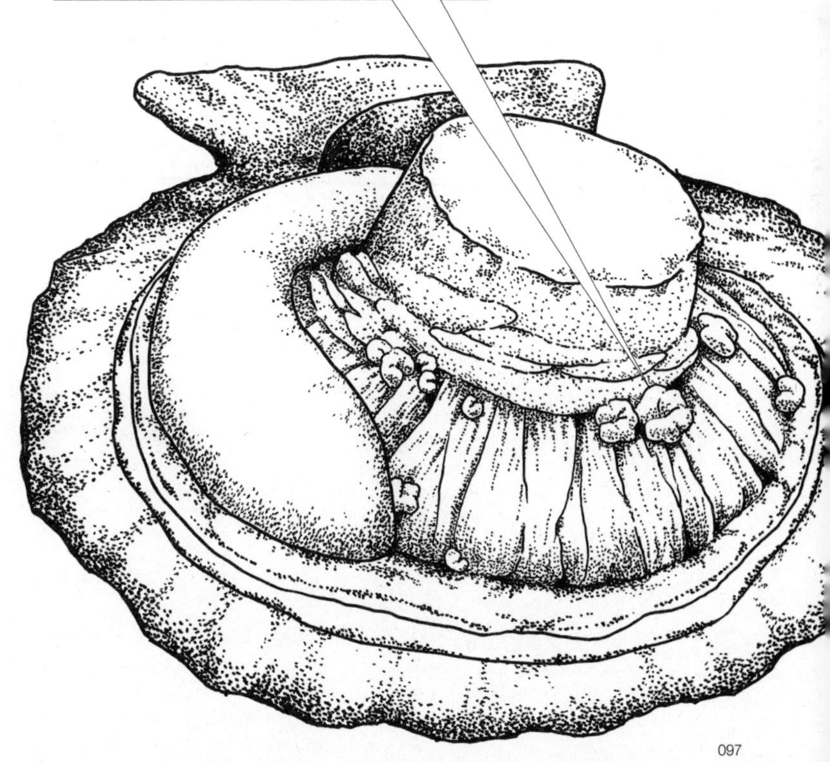

フクロムシ（ウンモンフクロムシ）

Sacculina confragosa

分類：蔓脚類（まんきゃくるい）
体長：数mm ～数cm
宿主：カニやエビなど甲殻類
分布：東アジア

奪われたカニの青春

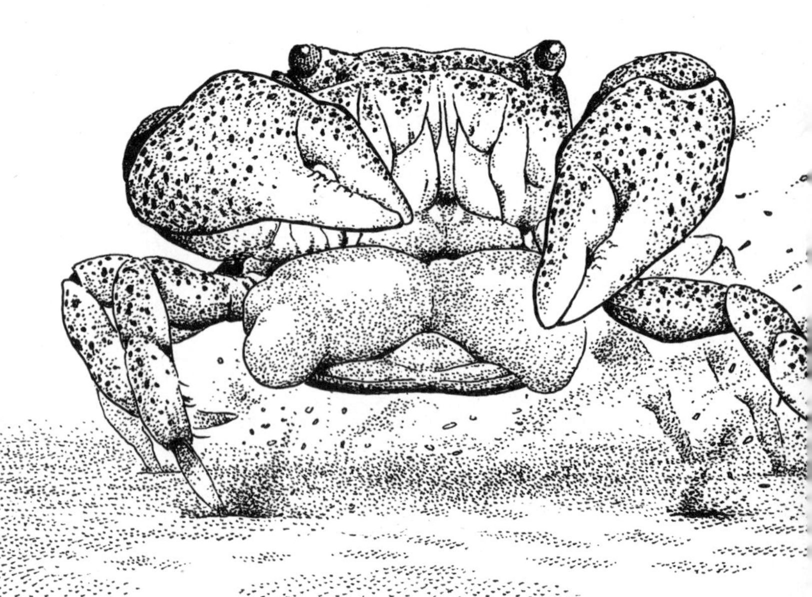

外敵からお腹の“卵”を必死に守ろうとするカニ。しかしその“卵”の正体は——。

海辺で腹部に袋を抱えたカニを見かけることがある。一見すると抱卵したカニだが、実は腹に付いているのは卵ではなくフクロムシという寄生虫である。寄生生活に不要な付属肢や消化管などはすべて退化（進化）してしまっていて、その名のとおり袋状の外見になってしまっているが、蔓脚（まんきゃく）類といって海岸の岩場によくいるフジツボやカメノテの仲間だ。

卵からふ化したフクロムシの幼生は、宿主に着生するとその体内に侵入して植物の根のように伸びていく。

体内部（インテルナ）と呼ばれるこの根状の寄生体は、やがて後部が体外部（エキステルナ）と呼ばれる袋状の構造物となって体外に出てくる。袋の部分は卵巣と卵が詰まった生殖器だ。外に見えている寄生虫は雌で、とても小さな雄が雌の袋の中にいる。

フクロムシから栄養を吸収され続けた宿主は成熟することができず、雄とも雌ともつかない体になってしまう。フクロムシが持つこの「寄生去勢」という能力は、生物の一大事業である繁殖に宿主のエネルギーが消費されることを防ぎ、自らの繁殖のためにより多くのエネルギーを奪うためにあるとされている。

寄生に去勢にと散々な目に合う宿主だが、腹部に出てきたフクロムシを自分の卵と思っているのか、健気にも外敵から守ろうとするそうだ。宿主を去勢しておきながら、自らは繁殖に勤（いそ）しむなんとも非道な寄生虫だ。目黒寄生虫館にはイワガニ類に寄生したウンモンフクロムシの標本が展示されている。青春を奪われた哀れなカニがそこにはいる。

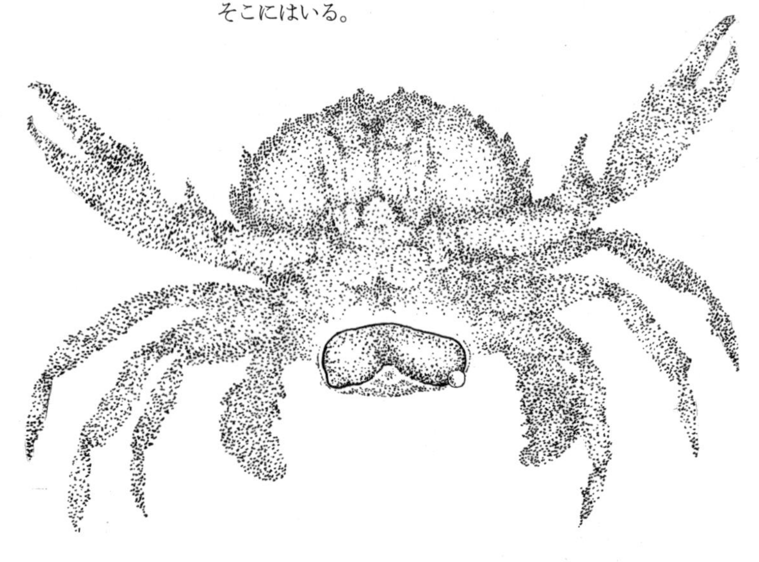

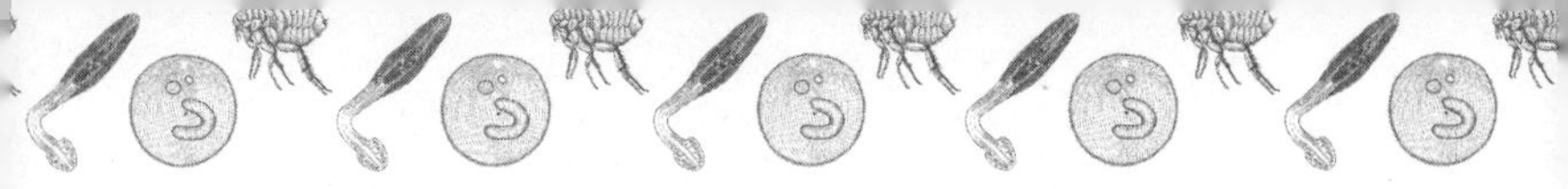

パラサイト・コラム

超寄生虫(ハイパーパラサイト) 寄生虫に寄生する生物

寄生虫の表面や内部で生活する寄生虫がいて「超寄生虫(ハイパーパラサイト)」と呼ばれている。地球上のほぼすべての動物には寄生虫がいるのだから、寄生虫にも寄生虫がいて、なんの不思議もないだろう。

たとえば、タラバガニの仲間パタゴニアエゾイバラガニ *Paralomis granulosa* に寄生するフクロムシの一種 *Briarosaccus callosus* には、等脚類（ワラジムシの仲間）のリリオプシス *Liriopsis pygmaea* が寄生する。フクロムシもリリオプシスも宿主から栄養を吸収しつづける結果、宿主は成熟できない（寄生去勢）。フクロムシはカニを寄生去勢するが、自らもリリオプシスに寄生去勢されてしまう。因果応報といったところだ。

この他にも、超寄生生物として、トラフグに寄生する粘液胞子虫に寄生する微胞子虫（未同定）や、タイセイヨウサケに寄生するサケジラミに寄生する微胞子虫のデスモゾーンなどが発見されている。

超寄生虫の多くは小さくて発見が困難なため、その研究はまだあまり進んでいない。しかし、今後研究が進んでいけば、やがては超寄生虫に寄生する「超超寄生虫」なんて生物も発見されるかもしれない。

タイノエ

Ceratothoa verrucosa

分類：等脚類（とうきゃくるい）
体長：雄20mm、雌50mm
宿主：マダイ、チダイ
分布：日本

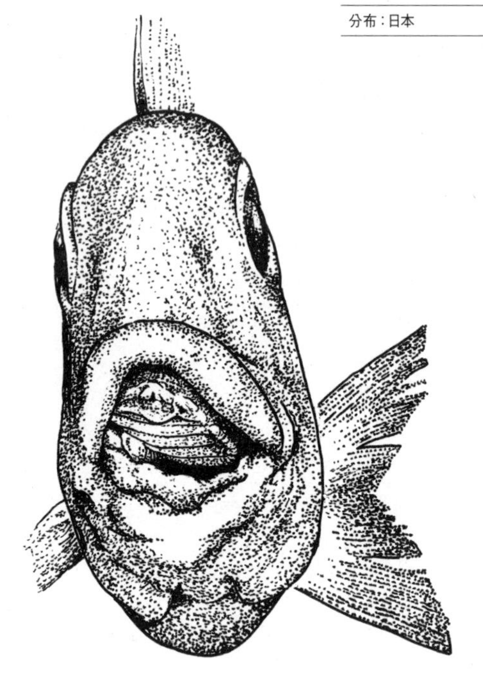

こいつがいたら「アタリ」

釣り上げたマダイの口の中にいる、得体のしれない大きな虫。寄生をする等脚類、タイノエだ。等脚類とはダンゴムシやフナムシの仲間のことである。最近では、深海生物のグソクムシなどが鑑賞用としてアクアショップで売られている。タイノエはタイの上顎に雄と雌のペアで上下逆さまにへばり付き、タイの体液を啜っている。雌がタイの上顎の中央部に、雄はそのやや後方に寄り添うように、必ず雌雄一対で寄生する。マダイが稚魚の時に侵入し、何年も同じペアが寄生し続ける。タイが食べた餌のように見えるため、漢字では「鯛之餌」と書かれる。

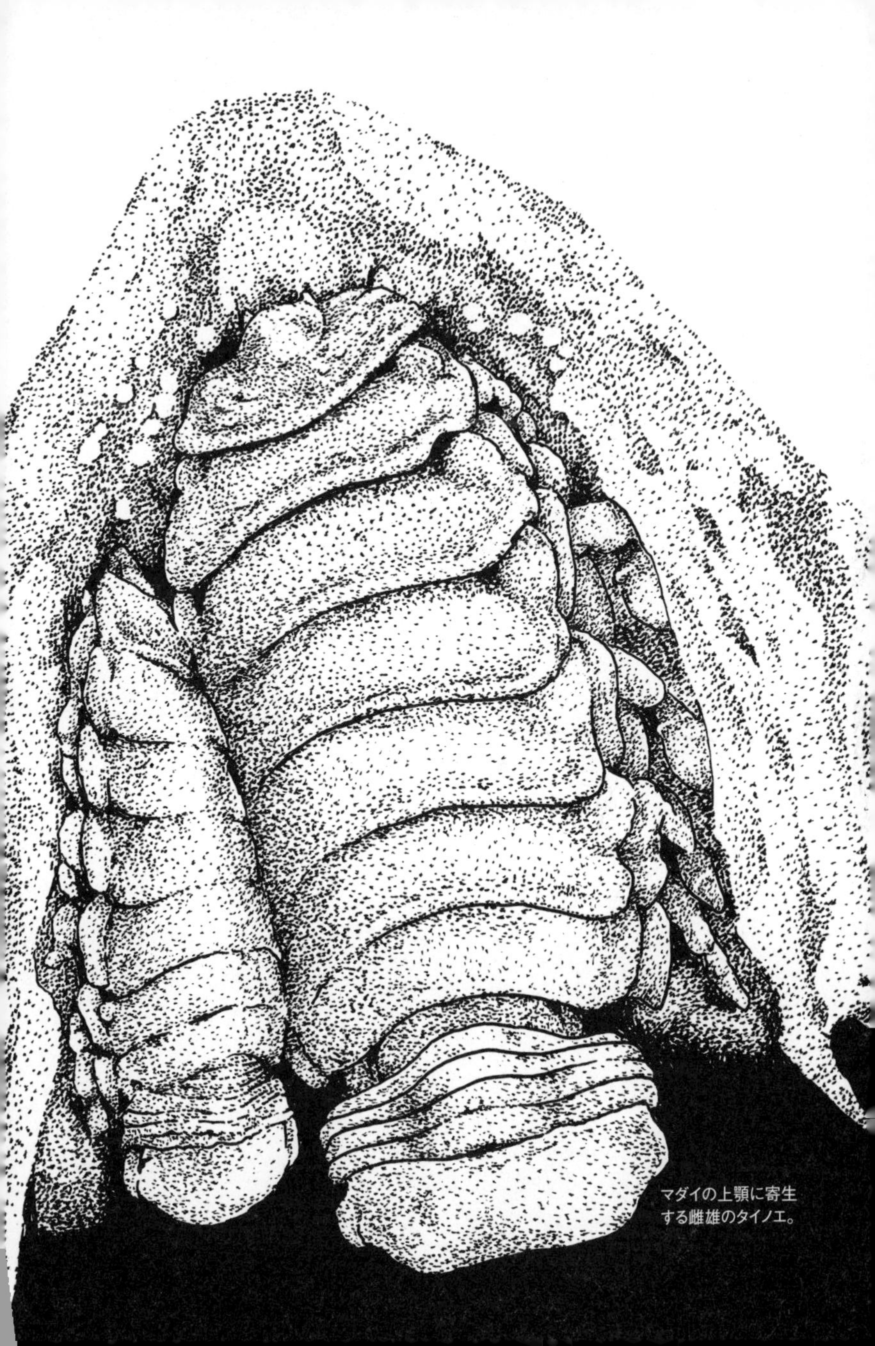

マダイの上顎に寄生
する雌雄のタイノエ。

江戸時代の文献『水族写真』には、このタイノエは「鯛之福玉」とあり、タイの体にある9つの縁起物の一つとされている。こいつがついているタイは「アタリ」なのだ。他の8つとあわせて9つすべての縁起物を集めると願いが叶い、物に不自由なく幸せに暮らせるらしい。この文献には、驚くことに「賞味すること鯛の如(ごと)し」とも書いてある。薄目にはシャコに見えないこともないが、いやはや江戸時代には勇気のある人がいたものだ。

意外なことにこの寄生虫、これだけの大きさにもかかわらず寄生しているタイにはたいした健康被害を与えない。宿主と共に歩んできた長い進化の過程で折り合いがついているのだ。家賃を滞納する古株の店子(たなこ)と、それをなんとなく許してくれる大家との関係に近い。

雄

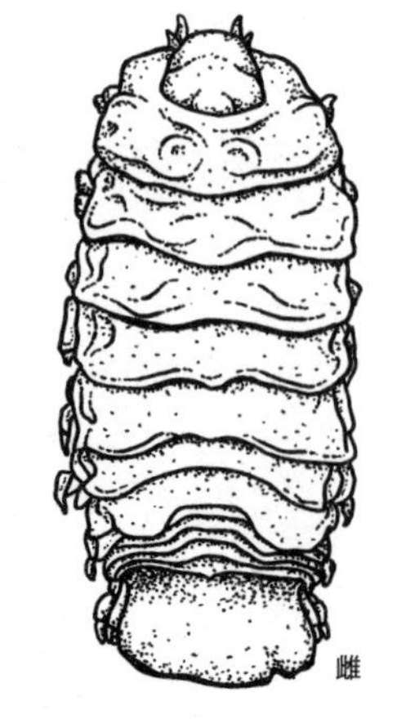
雌

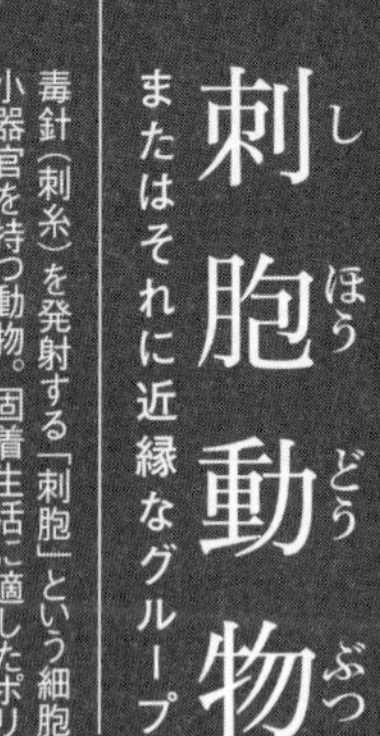

刺胞動物（しほうどうぶつ）

またはそれに近縁なグループ

毒針（刺糸）を発射する「刺胞」という細胞小器官を持つ動物。固着生活に適したポリプ型と、浮遊生活に適したクラゲ型がある。

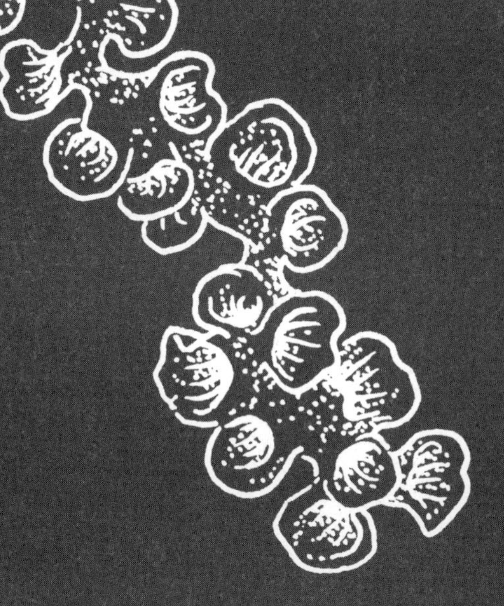

ポリポジウム

Polypodium hydriforme

分類：刺胞動物
体長：自由生活時の傘長2.5mm
宿主：チョウザメ類
分布：ロシア、イラン、北米など

世界三大珍味として名高いキャビア。チョウザメの卵を塩漬けにした食品で、ロシアやイランなどで生産されている。そんなキャビアの原料である卵に寄生するグルメな寄生虫がポリポジウムだ。クラゲやイソギンチャクといった刺胞動物の仲間ではないかと言われている。

ポリポジウムはチョウザメの体内にある卵が未熟なときにその中に侵入し、数年かけてじっくりと増殖する。増殖方法は出芽といって、体の一部にできたふくらみが成長して新しい個体になり、最終的には卵の内部で数十から100匹の個体が数珠つなぎになった群体ができあがる。やがて群体は卵に蓄積された卵黄を吸い尽くして外へ出て、バラバラに別れてクラゲとよく似た形態へと成長する。その後は自由生活を始め、触手で小動物を食べながら二分裂で増えていくらしい。この寄生虫に魅せられて50年以上にわたって研究を続けている女性寄生虫学者がいるが、その彼女をもってしても成長した後のポリポジウムがチョウザメにどのように侵入し、卵に寄生をするかはいまだよくわかっていない。

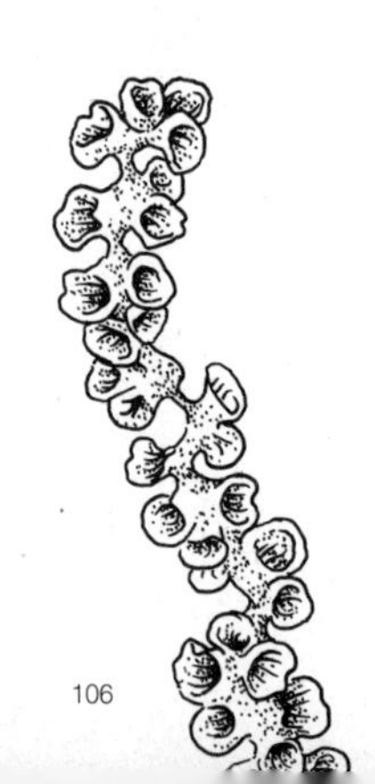

チョウザメはサメに形態が似ていることから名前に「サメ」と付いているが、厳密にはサメではない。サメより古く中生代には地球上に出現していた古代魚である。今では乱獲や水質汚染によって数が著しく減少しており、その卵を原材料とするキャビアも希少な高級食材だ。チョウザメの卵をダメにし、生殖能力にも害を与えうるポリポジウムは、なんとも厄介な寄生虫なのだ。

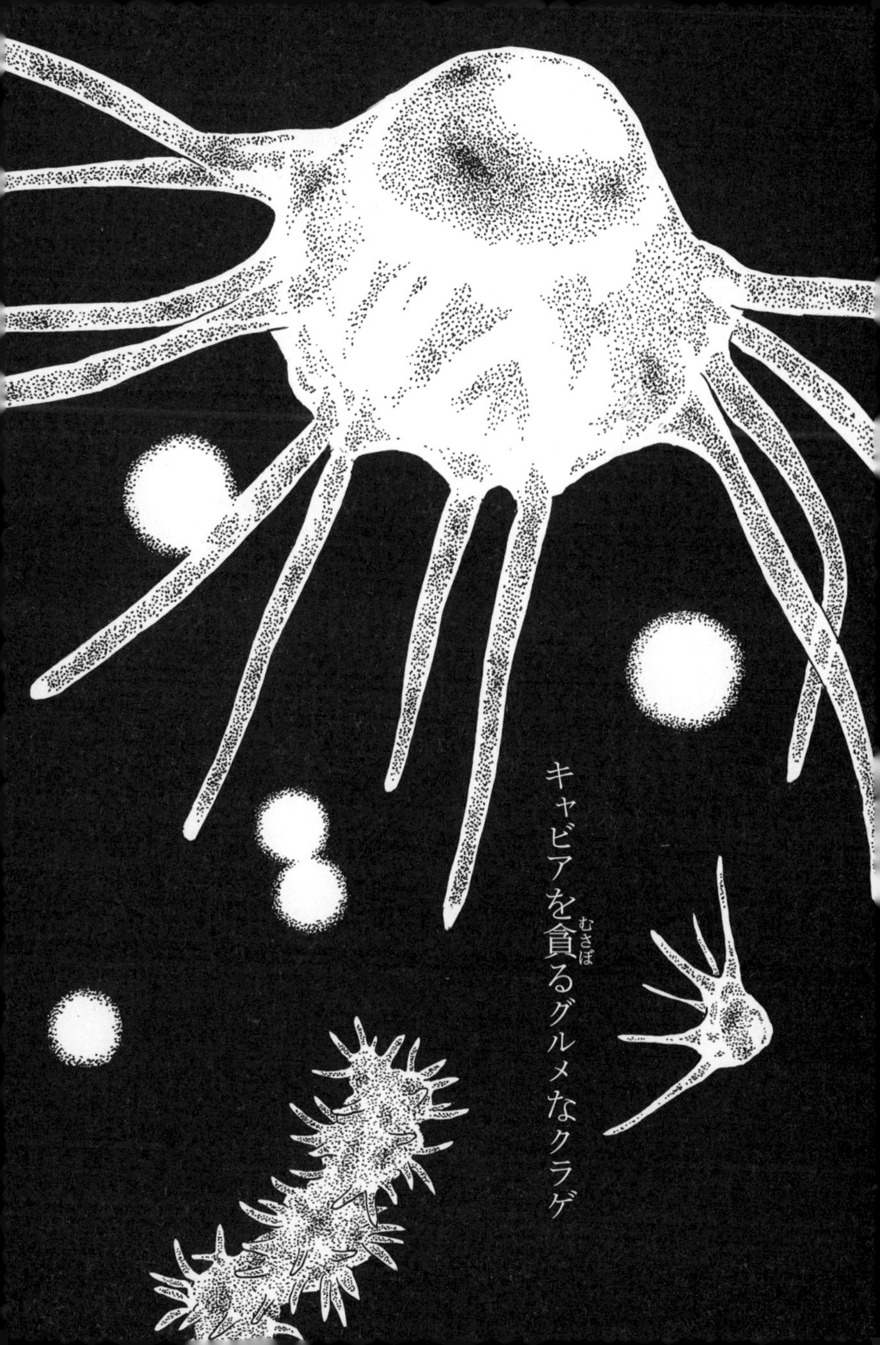
キャビアを貪る（むさぼ）グルメなクラゲ

粘液胞子虫（ねんえきほうしちゅう）

Myxobolus cerebralis

分類：刺胞動物 またはそれに近縁なグループ

体長：粘液胞子虫の時で10μm
　　　放線胞子虫の時で350μm

宿主：粘液胞子虫のときにニジマスを
　　　放線胞子虫のときにイトミミズを宿主とする

分布：世界各地

宿主を交互に乗り換える、ミステリアスな寄生虫

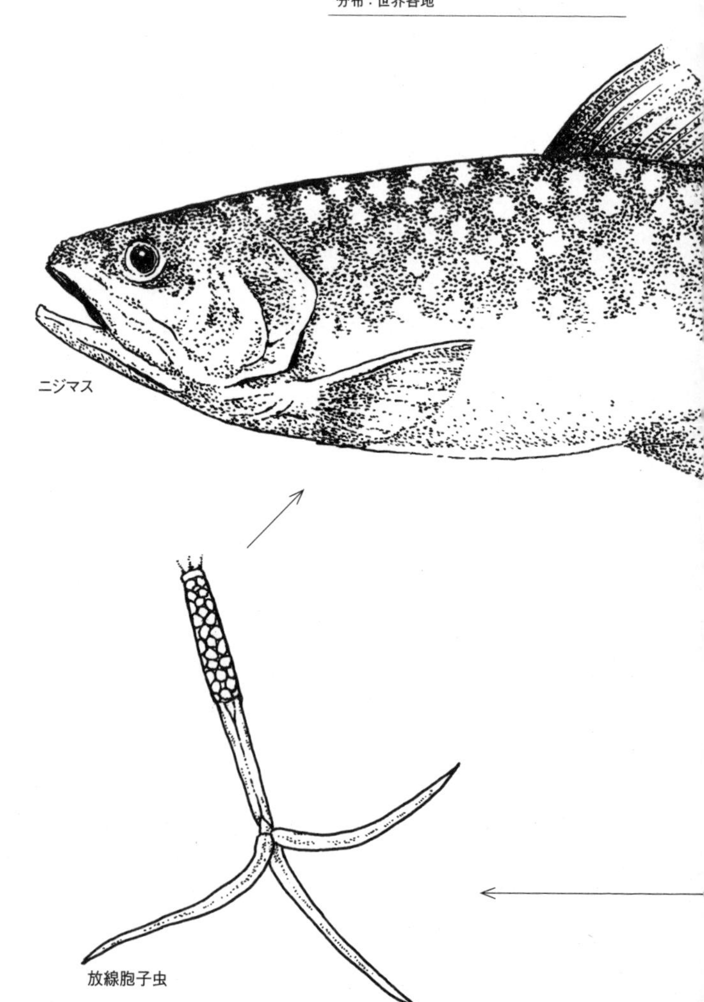

図の左右にいるのはいずれも寄生虫。左側の星のように美しい寄生虫はイトミミズなどの環形動物に寄生する放線胞子虫(ほうせんほうしちゅう)、右側のシンプルな形の寄生虫は魚に寄生する粘液胞子虫という。形も宿主も違うこの２種の寄生虫は、実は、同じ生物だ。

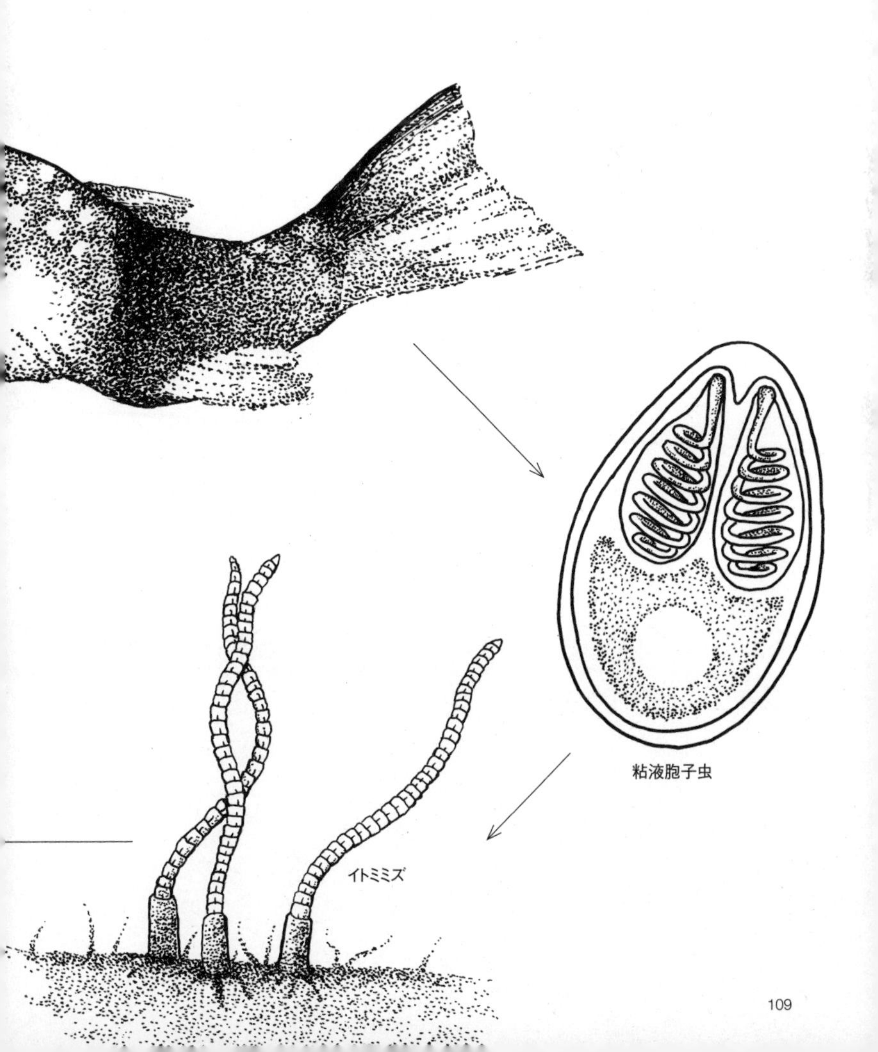

粘液胞子虫は魚を宿主とする寄生虫のなかで最もミステリアスなものの一つだ。寄生虫学者たちは長年、その生活環（一生）を解明しようと研究を続けてきた。しかし、粘液胞子虫を魚から魚へ直接感染させようとしても上手くいかず、研究者の間では「胞子は水の中に数カ月置いておかないと感染能力を持たない」「いや、土の中で数年間寝かせておくといい」などということがまことしやかに議論されていた。

実際のところは、粘液胞子虫とは見た目のまったく異なる放線胞子虫の発育段階があり、生活環を完結させるには魚と環形動物という2種類の宿主が必要だったのだ。粘液胞子虫は環形動物に感染して放線胞子虫となり、環形動物から放出された放線胞子虫が魚に侵入して粘液胞子虫となっていたのである。先の実験では、おそらく粘液胞子虫を寝かせた水や土に、生きたイトミミズが混入していたのだろう。

粘液胞子虫は種によって寄生したニジマスの骨格を曲げてまっすぐ泳げなくしたり、マグロの肉を溶かしたり、トラフグをガリガリに痩せさせたりと、水産業に甚大な被害を与える。また、最近では養殖ヒラメに寄生する種が食中毒の原因になることも証明された。これらの被害を防止する技術を開発するためにも、粘液胞子虫の生態を解明しなければならない。放線胞子虫とその宿主であるイトミミズが発見された *Myxobolus cerebralis* は、数ある粘液胞子虫の種の中でもレアケース。多くの種ではいまだ生活環の完全解明には至っていない。寄生虫学者は今日も必死で、海や川に隠れた放線胞子虫とその宿主を探している。

粘液胞子虫が軟骨組織に寄生すると、宿主には尾びれの黒化や脊髄の変形が起こる。

原生生物（げんせいせいぶつ）

真核生物のうち後生動物、菌類、陸上植物以外の生物の慣用名。多くは単細胞の生物だが、多細胞の生物も含む。

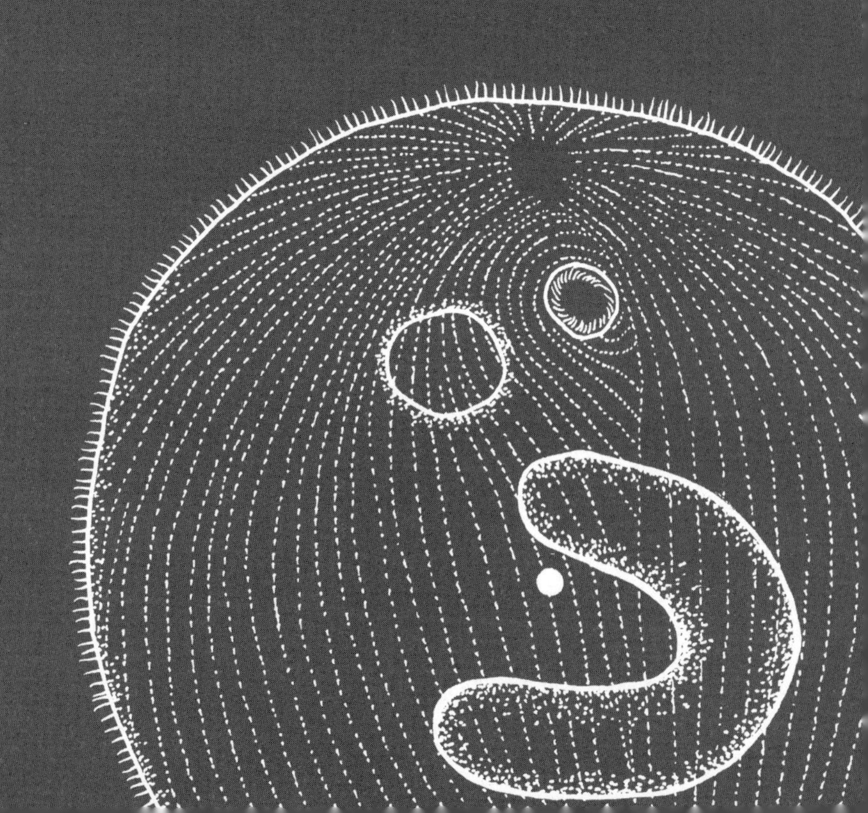

熱帯熱マラリア原虫

Plasmodium falciparum

分類：アピコンプレクサ類
体長：輪状体で1.5μm
中間宿主：ヒト
終宿主：ハマダラカ
分布：熱帯・亜熱帯地域

「平氏にあらずんば人にあらず」と言われるまでの栄華を誇る、巨大な平家一門を築き上げた平安の武将・平清盛。その最期は、火のような高熱を発し悶絶しながら死去したとされている。当時は清盛が奈良の興福寺や大仏を焼き払った祟(たた)りだと言われていたが、その本当の原因と考えられるのがマラリアだ。マラリアは蚊によって媒介されたマラリア原虫という寄生虫が、ヒトの赤血球の中で大繁殖することで起こる熱病である。かつての日本にはマラリア原虫が北海道から沖縄まで広く分布しており、マラリアは「オコリ（瘧）」とか「ワラワヤミ」などと称されていた。

ハマダラカの唾液腺に集結したマラリア原虫は、蚊の吸血時にヒトの体内に侵入し、肝臓で増殖する。その後、肝細胞を破裂させて赤血球中に侵入し、手当たり次第に増殖と破壊の限りを尽くす。蚊がこの患者から吸血すると、マラリア原虫は蚊の胃壁で増殖し、次にこの蚊が吸血したときに唾液と共に血管内に注入されるべく、数千もの新しい原虫が唾液腺へ移動する。マラリア原虫はヒトの体内で無性生殖を、蚊の体内で有性生殖を行う。つまりヒトが中間宿主で蚊が終宿主だ。

マラリアに侵されるとしばしの潜伏期の後、戦慄を伴う急な発熱と解熱が繰り返される。寄生虫によって赤血球が破壊されるので貧血が起こり、マラリア原虫の毒素で脾臓や肝臓がやられてしまう。現在の日本では公衆衛生の向上により土着マラリアは根絶されているが、世界では今なお第一級の感染症だ。現在のところ有効なワクチンはなく、抗マラリア薬を飲むか、マラリア原虫を持った蚊に刺されないようにするしかない。人類の約半数がマラリア汚染地帯に住み、2022年の年間の推定感染者は約2億4900万人、死亡者は60万人を超える。マラリアは人類にとって最悪の健康問題なのだ。

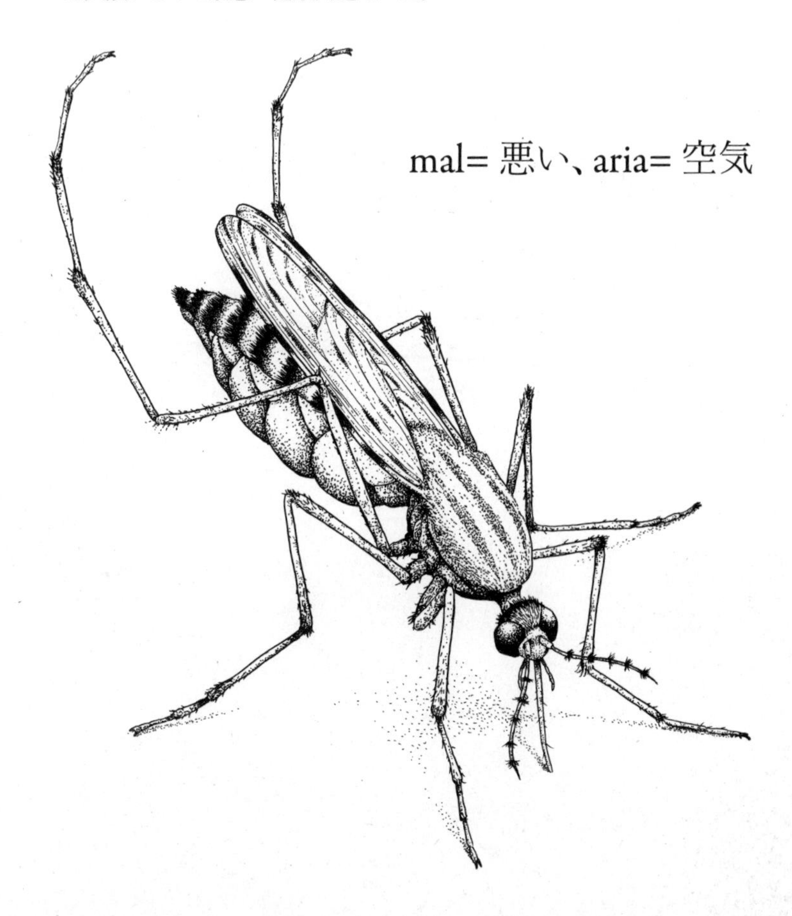

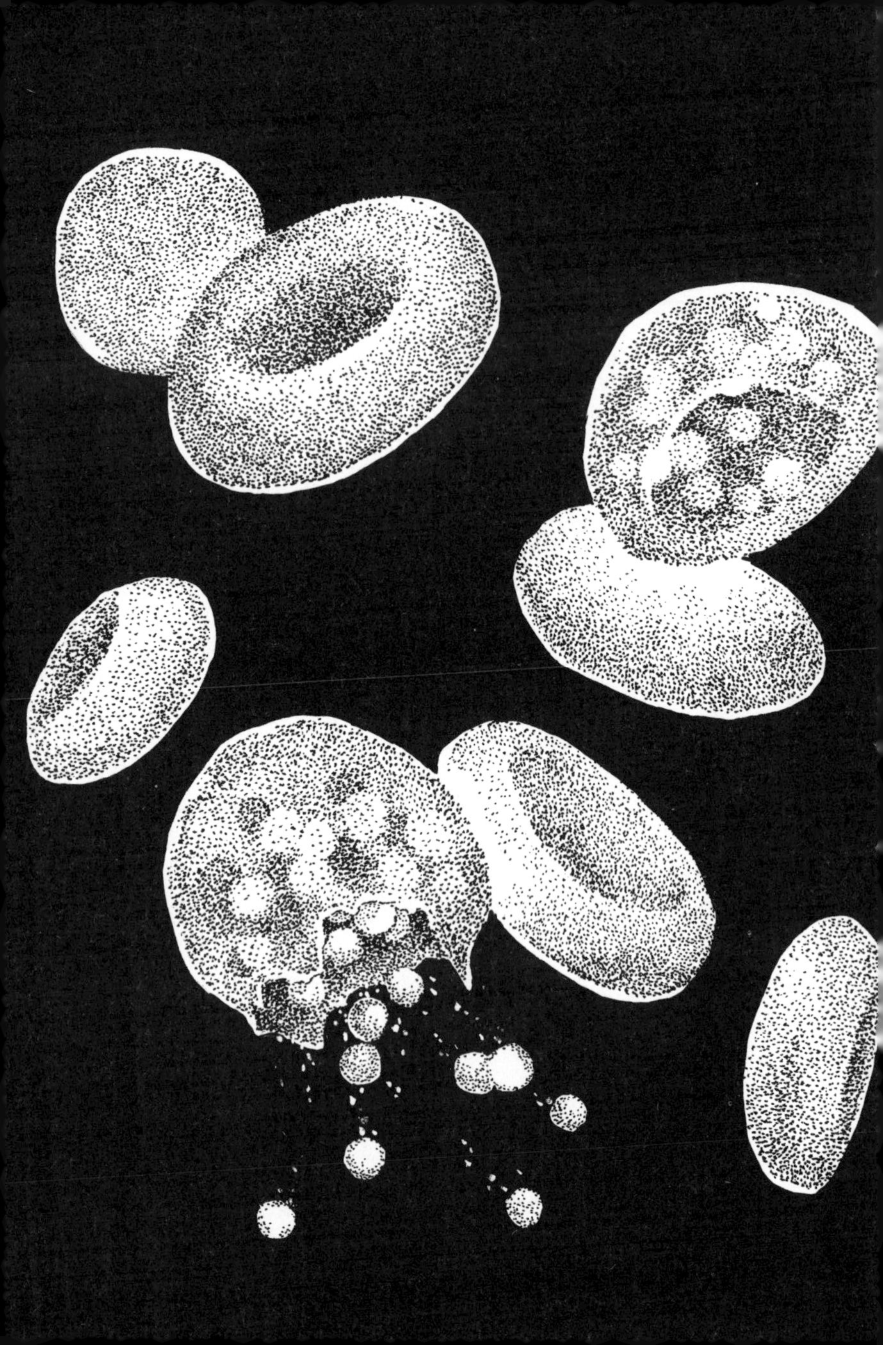

トキソプラズマ

Toxoplasma gondii

分類：アピコンプレクサ類

体長：長径5～7μm、短径3μmの三日月型

中間宿主：哺乳類、鳥類
終宿主：ネコ科動物

分布：世界各地

ネコとの危険な情事

トキソプラズマはネコ科の動物を終宿主とし、ヒトやウシ、ネズミなどほぼすべての哺乳類・鳥類を中間宿主とする原虫だ。世界中にごく当たり前にいて、世界的に見ると全人類の三分の一以上、衛生管理が比較的行き届いた日本でも約10%のヒトが感染しているとされている。

この原虫の生活環はネコ科動物の体内での有性生殖と中間宿主の体内での無性生殖のステージからなる。自然界では多くの場合、ネコの糞に汚染された土や食べ物からオーシストという状態の原虫がネズミに感染する。すると、筋肉や脳に、多数の虫体を強固な殻で包んだシスト（嚢子）というものが作られる。そのネズミがネコに食べられると、破れたシストから原虫が出てきてネコの腸管の上皮細胞で繁殖し、糞と一緒に地面に落ちることでライフサイクルが回っている。

ある研究によれば、トキソプラズマに寄生されたネズミはネコを恐れにくくなり、また、ネコの尿に引きつけられるようになるともされている。研究者が「ネコとの危険な情事」と呼ぶネズミのこの行動は、ネズミの脳内物質をトキソプラズマが操作することで引き起こされているのかもしれない。

ヒトには主に終宿主であるネコの糞便から感染する。また、ウシやブタ、鶏、ヒツジなどの肉にもトキソプラズマのシストが含まれることがあるため、感染を防ぎたいなら、これらを食べる際にはしっかりと加熱するべきだ。

幸い健康なヒトがトキソプラズマに寄生されても目立った症状が出ない。しかし、エイズなどで免疫力が低下している場合は、発熱やリンパ節炎、脳炎を起こすことがある。また、妊婦がトキソプラズマに初めて寄生されると、急激に増殖した寄生虫が胎盤を通って胎児にうつり、死産や早産、脳や眼に障害が生じた先天性トキソプラズマ症の赤ちゃんが生まれることがある。

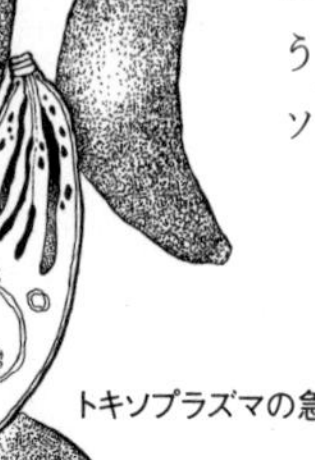

トキソプラズマの急増虫体（タキゾイト）。

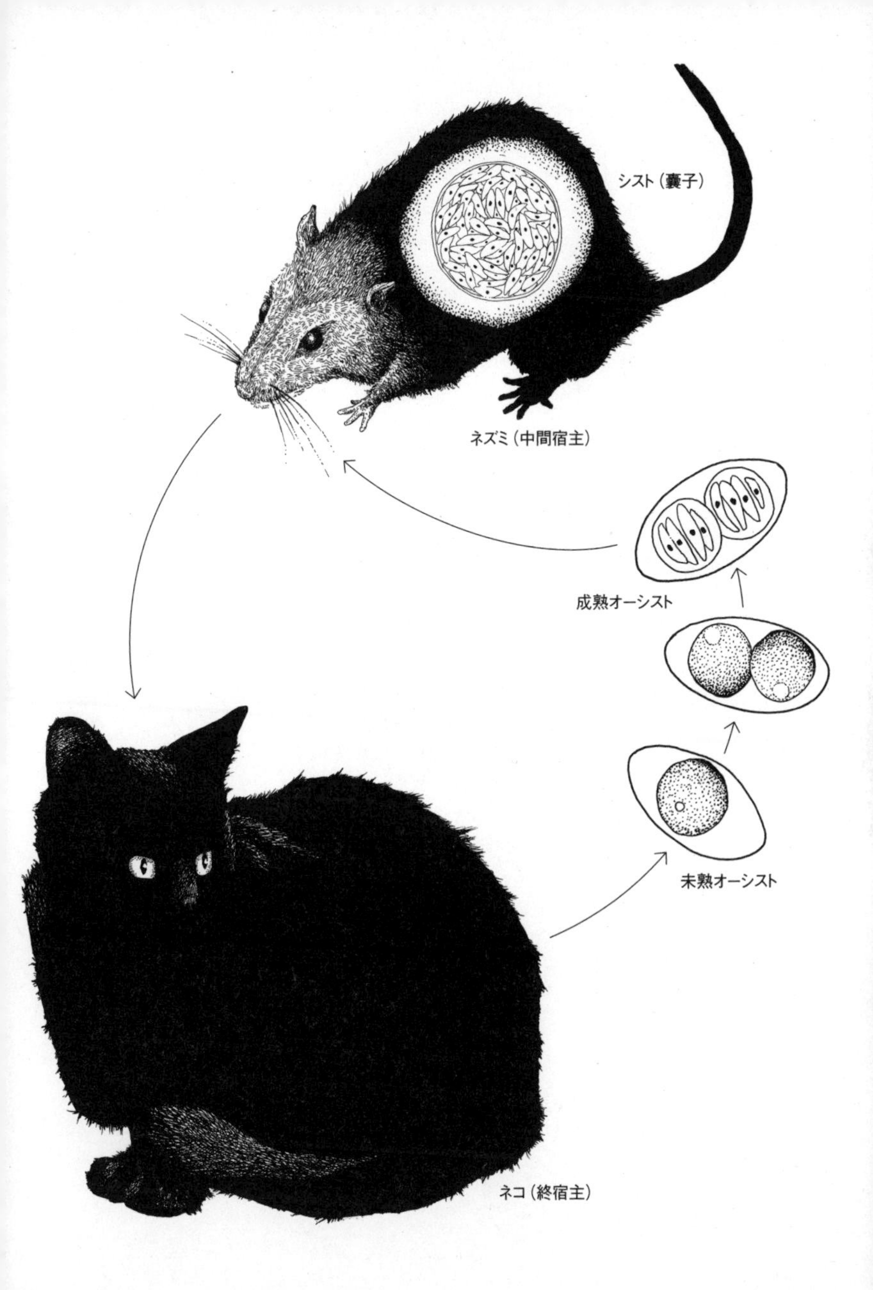
シスト（嚢子）
ネズミ（中間宿主）
成熟オーシスト
未熟オーシスト
ネコ（終宿主）

愛猫家を怖がらせてしまったかもしれないが、ネコが与えてくれる「癒やし」を必要以上に遠ざけることはない。トキソプラズマのオーシストは、終宿主であるネコに初感染した後の数週間しか排出されないからだ。飼いネコのトイレ掃除に気を配り、庭の土や公園の砂を触った後は手をよく洗うことだ。そして、ウシやヒツジの生食を避けること。それらの心がけでこの寄生虫に侵入されるリスクは低くなる。

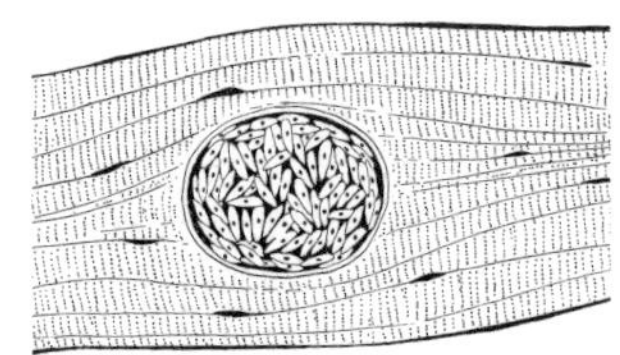

筋肉中のシスト。

フォーラーネグレリア

Naegleria fowleri

分類：ヘテロロボサ類
体長：7～20μm
宿主：ヒト
分布：世界各地

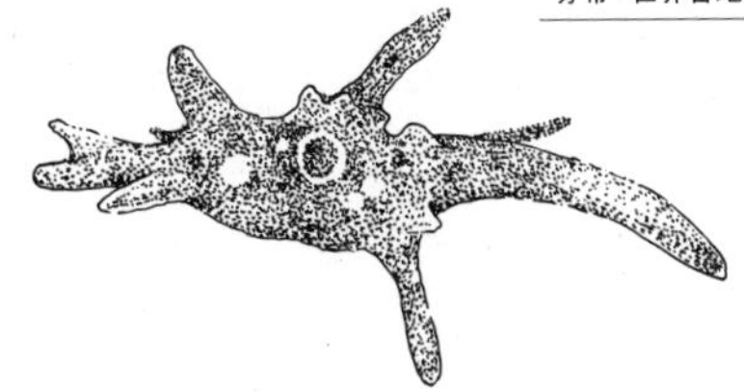

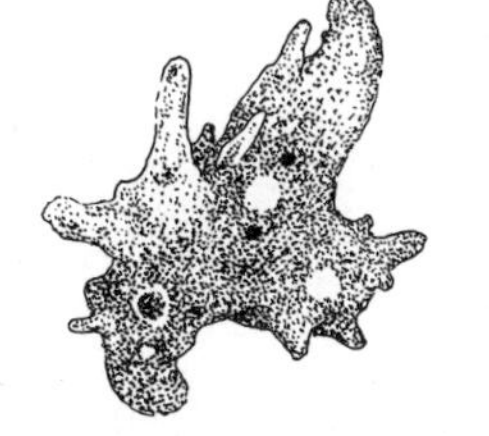

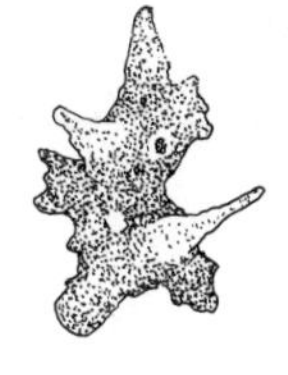

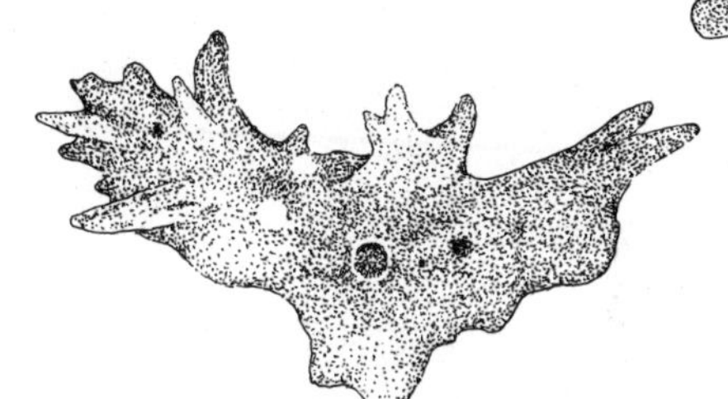

脳を喰らう殺人アメーバ

裸の子どもたちが池ではしゃいでいる。夏の太陽の光をいっぱいに受けた池の水は適度に温かく実に心地いい。一人の子どもが池の底に積もった泥を蹴り上げようとした。友人にひっかぶせようとしたのだろう。しかし水の抵抗は思ったより強く、子どもはバランスを崩してひっくり返ってしまった。鼻に水が入ってむせる子どもを周りの子どもが笑う。水底の泥の中をあてどもなくはいずっていたそれが、巻き上げられた泥と一緒にあたりを浮遊しはじめた──。

フォーラーネグレリアは普段は25〜35℃のやや温かい淡水中や土の中で自由生活をしているアメーバの一種である。ただ、このアメーバはひょんなことからヒトに寄生することがある。このアメーバを含んだ水が鼻に入ると、アメーバが鼻の奥の粘膜から神経を伝って脳へと侵入してしまうのだ。

脳に到達したアメーバは宿主のことなどお構いなしにその脳を喰らいながら猛烈に増殖する。ヒトは激しい頭痛と発熱の後、昏睡(こんすい)状態となり、ほとんどの場合、発症から10日ほどで死んでしまう。亡くなった患者を解剖するとアメーバの大群によって消化酵素漬けにされた脳がドロドロに溶けているという。その致死率は95%というから恐ろしい。フォーラーネグレリアが「殺人アメーバ」とも呼ばれるゆえんである。

患者は髄液の中にフォーラーネグレリアが検出されることで判明するが、症状の進行があまりにも急なため、生前に感染に気づくことはほとんどない。そもそも有効な治療法が確立されておらず、感染に気づいてもろくに手の施しようがない。5%の生存率に賭けるわけにはいかないので、基本的な対策としてはアメーバの侵入を阻むしかない。鼻を主な侵入口とするため、水温の高い湖や沼、淡水を循環させている温泉などでは、顔を水に浸けることを極力避け、泳ぐ際にはノーズグリップを使うと予防になる。

オーストラリア、ニュージーランド、アメリカ、日本など世界各地で被害が報告されているが、その診断の難しさから本来の患者はもっと存在しているのかもしれない。

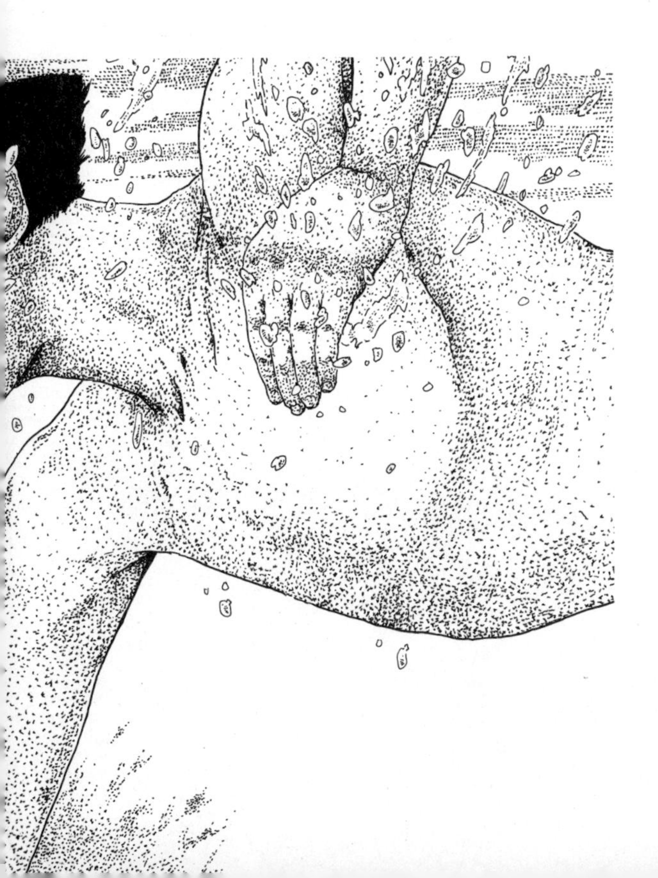

ガンビア
トリパノソーマ

Trypanosoma brucei gambiense

分類:鞭毛虫類(べんもうちゅうるい)

体長:錘鞭毛体で16〜30μm

中間宿主:ヒト
終宿主:ツェツェバエ

分布:熱帯、亜熱帯地域

悪魔はハエに乗って来(きた)れり

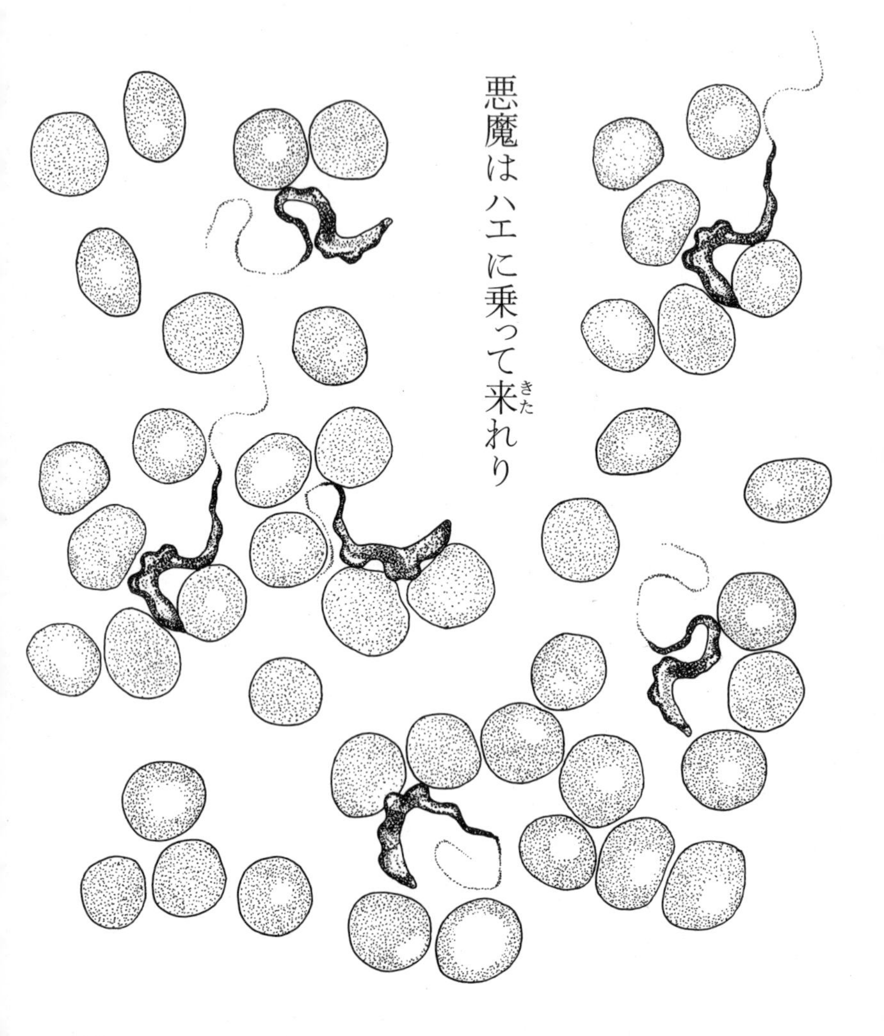

紡錘形（ぼうすいけい）の体から鞭毛（べんもう）と波動膜を生やした生物が顕微鏡の中に見て取れる。鞭毛虫のガンビアトリパノソーマだ。「アフリカ眠り病」という恐ろしい病気の病原体でもあり、ツェツェバエという大型の吸血バエによって媒介される。

ツェツェバエの吻（ふん）からヒトの体内に侵入したトリパノソーマは二分裂で増殖を続けながら鞭毛と波動膜で動き回り、血液からリンパ節、骨髄へと拡がって最終的には中枢神経系に侵入する。寄生虫が中枢神経系に入り始めるとヒトは意識の混濁や人格の変貌、昏睡を起こし、やがては全身衰弱で死んでしまう。トリパノソーマがヒトを昏睡させるのは、ハエが吸血しやすくして再びハエへと侵入するためだと考えられている。アフリカ眠り病は患者を放置した際の死亡率が80%。トリパノソーマはヒトの抗体に対応して細胞表面のタンパク質の構造を変化させるので有効なワクチンは作れず、治療薬も副作用の強いものしか存在しない。

アフリカではツェツェバエが分布する北緯15度から南緯20度の範囲は「ツェツェベルト」と呼ばれ、かつての強大なイスラム帝国がサハラ砂漠以南を征服できなかったのは、この眠り病が蔓延するツェツェベルトに阻まれたからだとされている。強大な軍勢の侵攻も阻む、なんとも恐ろしい寄生虫である。

淡水白点虫（はくてんちゅう）

Ichthyophthirius multifiliis

分類：繊毛虫類（せんもうちゅうるい）
体長：直径0.5〜1mmの球形
宿主：温水性の淡水魚一般
分布：世界各地

アクアリストが最も忌み嫌う白点病という魚の病気がある。その名のとおり魚の体に1mmほどの白い斑点（はんてん）ができる病気だ。放っておくと白点の数はどんどん増えていき、やがて魚は衰弱し浸透圧調整や呼吸機能に障害が出て死んでしまうのだが、実はこの斑点の一つひとつが、白点虫という寄生虫だ。

白点虫は魚の上皮の中に寄生し、上皮細胞を壊して取り込みつつ成長する繊毛虫だ。十分に成長すると宿主を離れて水底で膜に被われた状態になり（これを「シスト化」という）、その後24時間程度で膜を破って、数百から時に1000匹を超す感染幼虫がわらわらと放出され、それらが再び魚の体表に潜り込むというサイクルを繰り返す。白点虫で厄介なのはこの増殖力だ。一つの白点が24時間後には1000匹の感染幼虫になって再び宿主に襲いかかってくる。もし白点が10個なら24時間後の感染幼虫は10000匹だ。そのうちの何割かは宿主にたどり着き、再び1000倍となって帰ってくる。水槽のような逃げ場のない環境だと、魚はひとたまりもない。

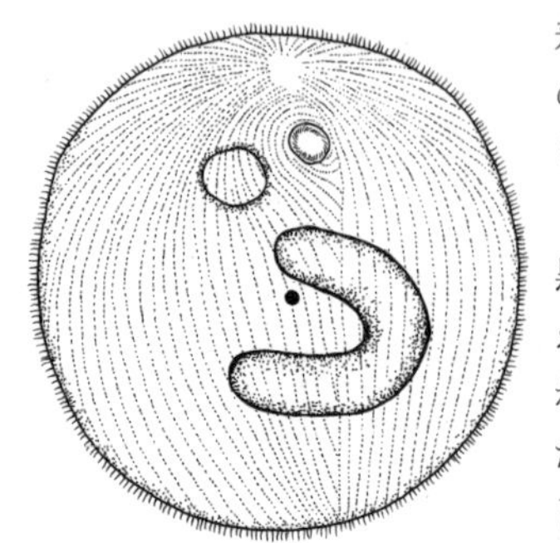

右の図はブラックモーリーという全身が真っ黒な卵胎生メダカの仲間だ。黒地に白点が映えるため、白点虫の感染実験モデルとして使われる。ブラックモーリーには迷惑極まりないだろうが、現在の白点虫の研究に大いに貢献しているのである。

一つの点が死を招く

ランブル鞭毛虫（べんもうちゅう）
(ジアルジア)
Giardia intestinalis

分類：鞭毛虫類
体長：栄養型で12～15μm
宿主：ヒトなど哺乳類
分布：世界各地

鞭（むち）のような毛を複雑に動かして泳ぎ回るとぼけたピエロの顔のように見える生物――ヒトなど哺乳類の小腸に寄生するランブル鞭毛虫だ。眼のように見える二つの大きな円盤は宿主の腸粘膜にくっつくための「吸着円盤」と呼ばれるもので、ニヤけた口のように見えるのは中央小体という器官だ。

ピエロ顔の栄養型は宿主の消化管内で栄養を吸収しながら二分裂で増えていくが、そのうちに厚い膜で被われたシストと呼ばれる状態になり糞便中に排出され、次の宿主の口に入るチャンスを待つ。

この寄生虫の感染力はとても強く、シストが10個ほど宿主の口に入ると発症する。ランブル鞭毛虫は世界中にいる寄生虫で、ヒトは流行地の生水やそれで洗った生野菜や食器を経由して簡単に寄生されてしまう。ランブル鞭毛虫に寄生されると吐き気や腹痛が起こり、軟便がなんべんも出る羽目になる。ヒトだけでなくネコ、イヌ、ウシ、ビーバーなどにも寄生する。ビーバーダムの近辺の川で泳いだヒトが感染することもあるため、この病気は「ビーバー熱」とも呼ばれる。

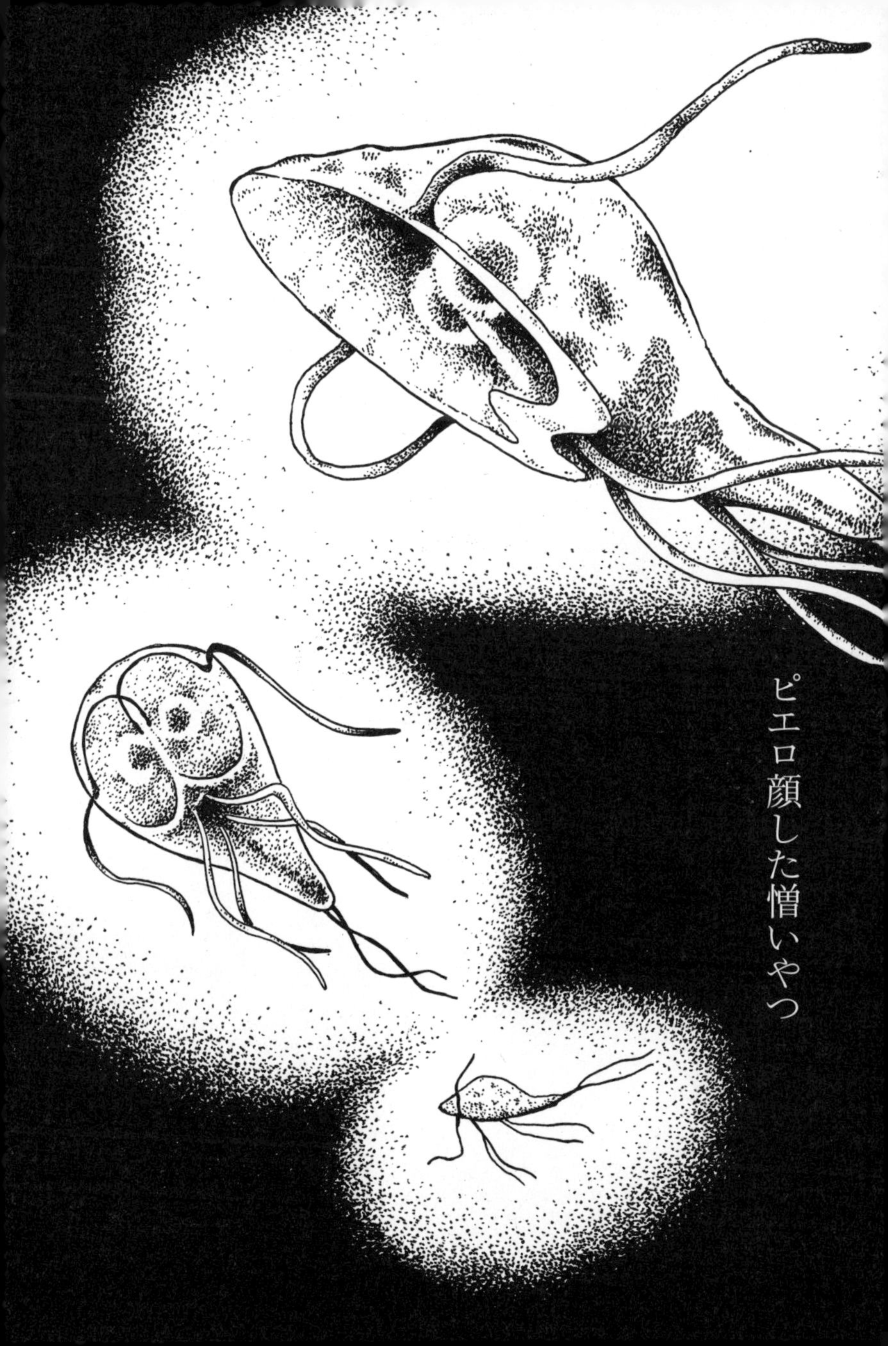

ピエロ顔した憎いやつ

寄生性渦鞭毛藻

Amoebophrya sp.

分類：渦鞭毛藻類
全長：群体時で100μm前後
宿主：渦鞭毛藻類
分布：世界各地

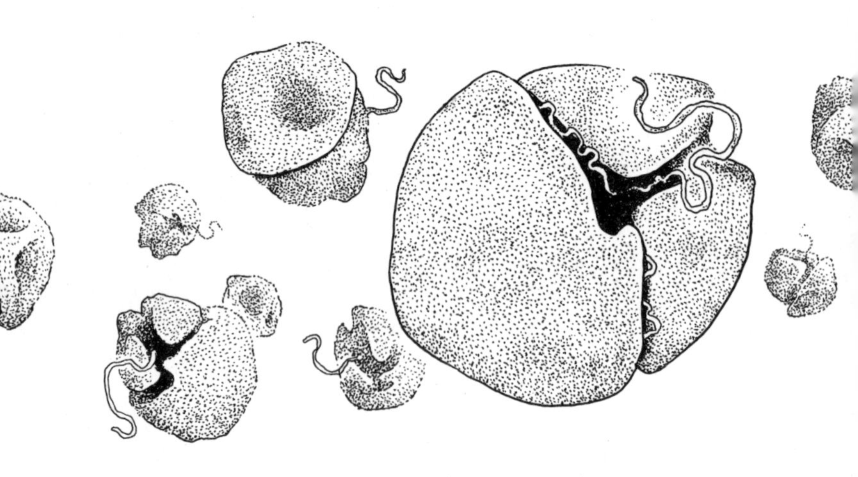

点在するのは、赤潮の主な原因プランクトンである渦鞭毛藻。
その体表を破って、寄生性渦鞭毛藻が飛び出てくる！

中身を吸い取る恐怖の螺旋（らせん）

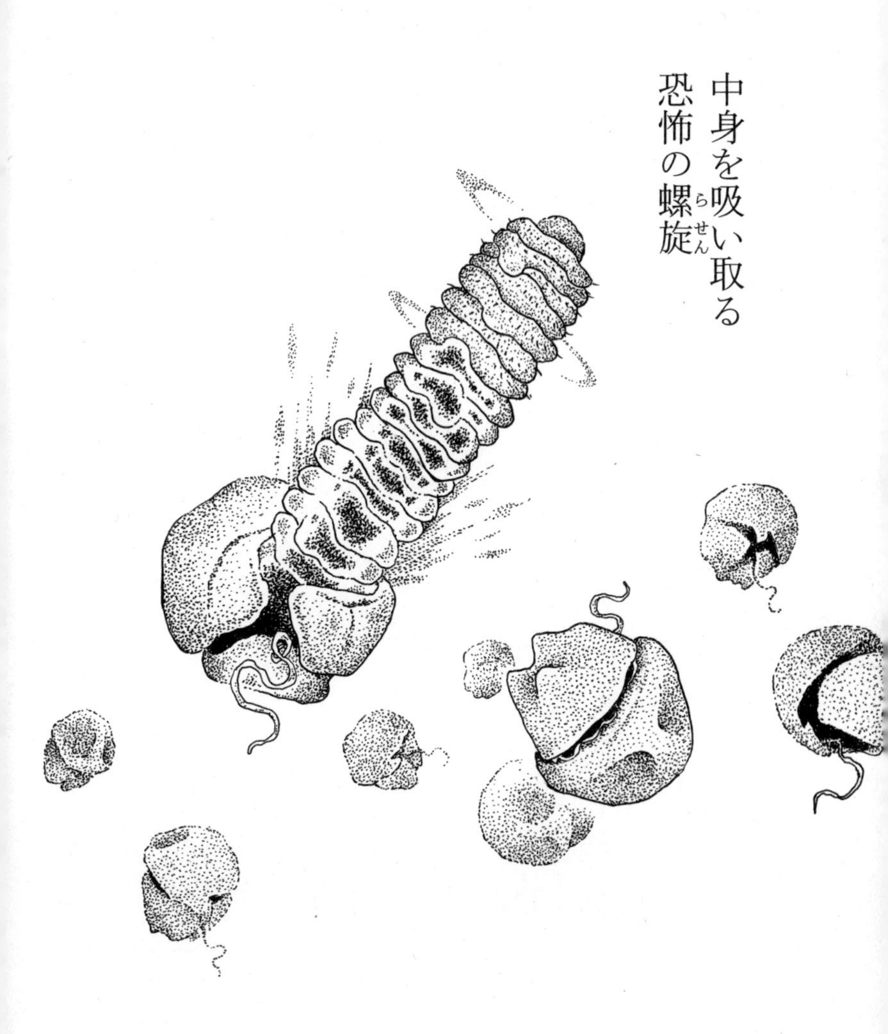

プランクトンが大増殖して水が赤く変色する赤潮。ひとたび発生すれば水中の酸素を枯渇させ、魚介類のエラを閉塞させ、毒を生産する種類であれば中毒死や貝類の毒化を招くなど、水産物に大被害を与えることもある。そんな赤潮の主な原因生物とされるのが渦鞭毛藻(うずべんもうそう)だ。体表にある縦横の溝の交点から2本の鞭毛を生やし、水中を自由に遊泳する単細胞の藻類である。光合成を行う種が約半数である一方で、他の動物を捕食したり他種に寄生するものもいる。ここで紹介するのは、仲間である渦鞭毛藻に寄生する、寄生性の渦鞭毛藻だ。

宿主の体内に侵入した寄生性渦鞭毛藻は、宿主から栄養を吸収しつつ核分裂を進めるのだが、その際に二方向の螺旋を作ってバネを溜めていく。頃合になるとこの螺旋のバネを反転させて宿主の細胞質をごっそりと体内に吸い取り、まるでスカイフィッシュのような遊泳形態となって宿主の体表を破って泳ぎ出るのだ。外界に出た当初は分裂増殖した多数の個体がくっついた群体だが、そのうちに単体に分離して次の獲物を探す。後には中身を吸い尽くされた渦鞭毛藻の殻だけが残る。宿主の中身を吸い尽くし体表を破って飛び出すべく、その体内で分裂増殖しながらキリキリと螺旋を作っていくこの寄生虫は、宿主に感情があればまさに恐怖であろう。体表を破って出てくるさまは、まるで「エイリアン」の幼体・チェストバスターのようだ。

寄生虫学者の中には、この恐ろしい寄生虫を赤潮の中で繁殖させて赤潮の原因となっているプランクトンを壊滅させようという、「赤潮掃討作戦」を構想している者もいるらしい。「寄生虫とハサミは使いよう」といったところか。

植物・菌類

【植物】葉緑体を持ち光合成を行う真核生物。
【菌類】いわゆるカビ・キノコ・酵母類の総称。

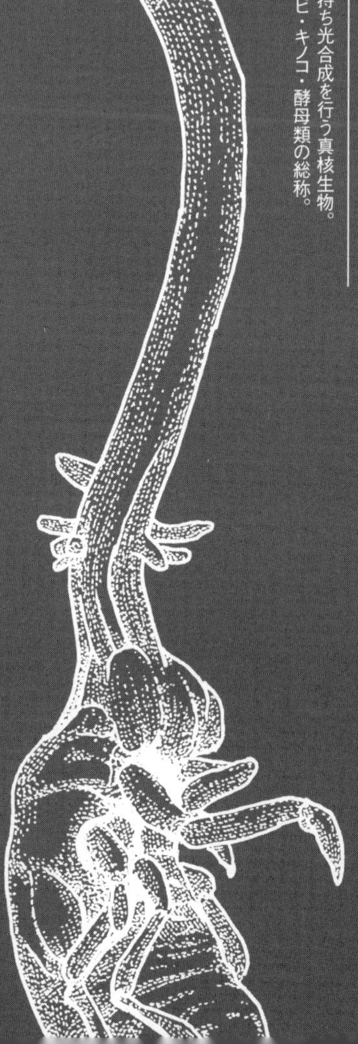

ラフレシア・アーノルディ

Rafflesia arnoldii

分類：被子植物
全長：最大で120cm
宿主：ブドウカズラ
分布：東南アジア

「もしや“人喰い花”か……」1818年、スマトラ島の雨林でシンガポールの建国者トーマス・ラッフルズと軍医ジョセフ・アーノルドの率いる動植物調査隊は恐怖していた。大きく不気味に開いた口から腐臭を発しハエの群がる奇妙な花を発見したのだ。今では世界最大の花として知られるラフレシア発見の瞬間であった。その花の直径は、大きいもので120cmにもなる。

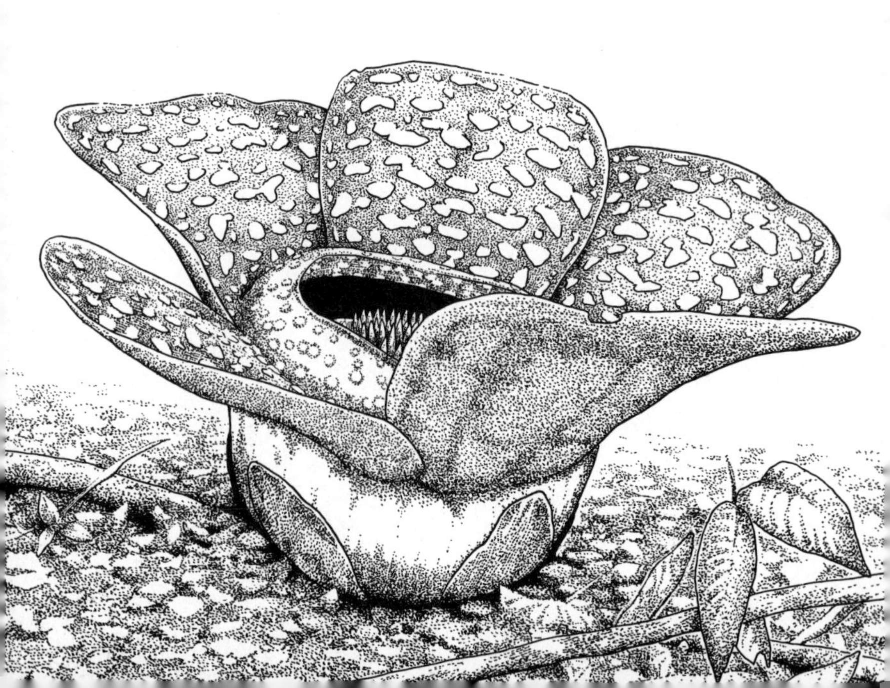

腐臭の漂う超巨大花

人喰い花ではなかったが、この巨大な花は寄生性の植物であった。根や葉をもたず花だけが直接、宿主であるツタ科植物のブドウカズラの茎から生えており宿主から栄養を頂戴している。ラフレシアが生えている部位は組織が融合して「接(つ)ぎ木」のような状態になっているのだが、ラフレシアの種子がブドウカズラの茎に触れた程度で融合するとは考えにくく、この寄生花がどうやって宿主の組織に侵入しているのかは、いまだ謎に包まれている。

しばしば「腐肉」「便所」などと称されるその独特の匂いは、花粉の媒介者であるハエ(主にオビキンバエ)を引き寄せるために発している。雄花と雌花があり、うまく受粉が行われるとソフトボール大の果実の中に種子を作る。ラフレシアの開花は不規則で個体の密度も低いため、花粉の媒介者に年中発生しているハエをターゲットにしたと考えられている。人間にとっては臭くて巨大で不気味な花だが、ハエにとっては極上の香りのする素敵な花なのだ。

生物の最も重要な目的の一つは生殖である。根も葉も捨て去り、花という生殖器官だけを巨大で特殊に進化させたラフレシアは、その目的にのみ邁進(まいしん)する植物なのだ。

ナンバンギセル

Aeginetia indica

分類：被子植物
全長：15～30cm
宿主：イネ科植物
分布：東アジア、南アジア

ナンバンギセルという植物は、葉緑体を持たず自身では光合成できない。イネやススキなど、イネ科単子葉植物の根に寄生し、養分を吸い取って生育する寄生植物だ。その名前は、南蛮人のもつキセルに形がそっくりなことに由来している。「南蛮」と冠してはいるが、日本人には古くから馴染みのある植物だ。

道の辺の　尾花が下の　思ひ草
今さらさらに　何をか思はむ

『万葉集』巻十、二二七〇番歌・作者未詳

（道端のススキの下にある思ひ草のように、こうなった今改めてあなた以外の何を思うことがありましょうか）

万葉集に詠まれたこの頭を垂れてひっそりと咲く思ひ草こそ、ススキに寄生したナンバンギセルである。「もの思うことを放棄して、相手にべったり寄り添い生きる」。この歌の詠み手が、ナンバンギセルが寄生植物であることを知っていたかどうかは定かではないが、まさに愛と寄生、その両方を絶妙にかけた見事な歌ではないか。

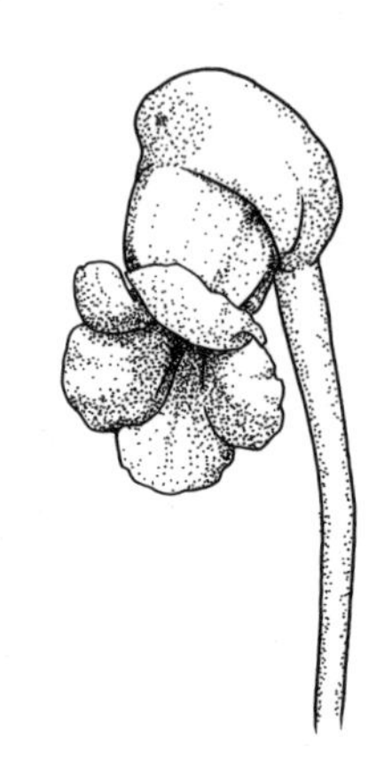

園芸植物として育てられる場合もあり、その際は、ススキの仲間の親草（宿主）とセットで育てる。寄生によって宿主の生育は阻害され、死に至ることもある。宿主が死んでは、元も子もない。この親草を如何に元気に育てるかが重要となる。

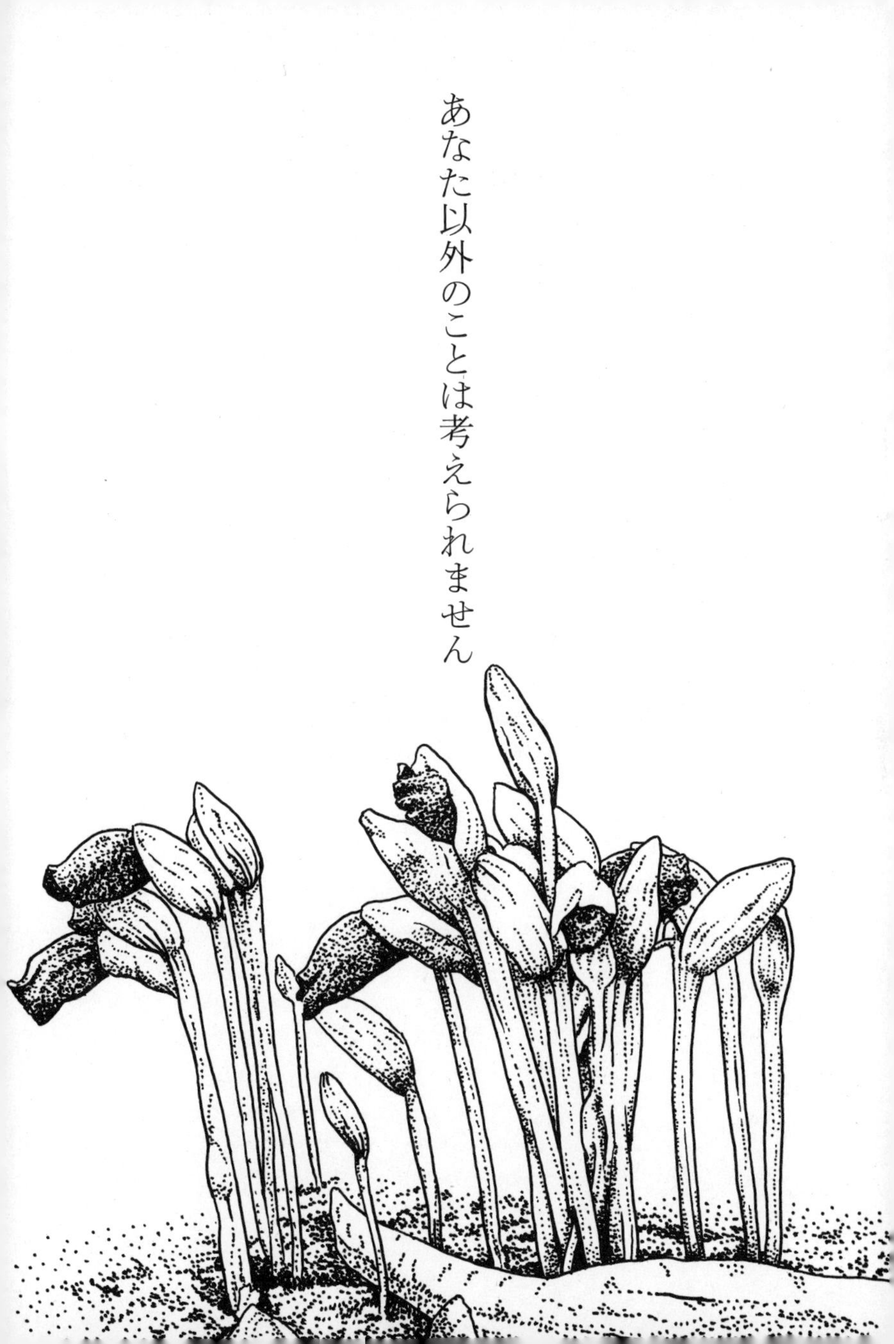
あなた以外のことは考えられません

冬虫夏草(とうちゅうかそう)

Cordyceps sinensis

分類：菌類
全長：4～11cm
宿主：コウモリガ科昆虫
分布：アジア中部

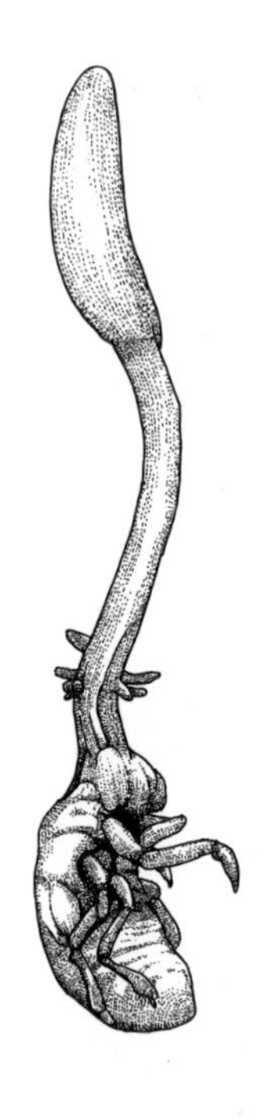

健康の秘薬として知られる冬虫夏草。古代チベットでは「冬から夏にかけて虫から草に転生をする不思議な生物」と考えられており、それが名前の由来にもなった。実際は昆虫に寄生するキノコの一種で、寄生といっても昆虫を殺しその体を養分としてキノコ（子実体）を生やすため、その性質は捕食に近い。

冬虫夏草はミイラ状になった宿主の外骨格に守られながら菌糸を増殖させて菌核を作り、やがて宿主の外骨格を突き破って胞子を飛ばすための棒状のキノコを発生させる。漢方薬屋の軒先に並ぶコウモリガの幼虫を宿主とする代表種を始めとして、世界各地で800種類ほど見つかっており、それぞれが異なる宿主に寄生する。温暖で多湿な気候の日本にはそのうちの300種類以上が棲息しているとされている。このページの図のセミタケ *Cordyceps sobolifera* や、右ページの図のヤンマタケ *Ophiocordyceps obonatae* はいずれも日本にいる種だ。

冬虫夏草は宿主とキノコが繋がっていてこそ美しい。「日本冬虫夏草の会」によれば、冬虫夏草を採集する際に宿主とキノコが途中で切れてしまうことを愛好家の間では「ギロチン」と呼び、最も忌むべき行為とされている。また、多種多様な宿主のなか、カブトムシ、クワガタムシ、カミキリムシの成虫から生えるものは見つかっていない。見つけたら確実に新種なので、我こそはと思う方はぜひ頑張って発見していただきたい。

虫から草への輪廻転生

ネナシカズラ

Cuscuta japonica

分類：被子植物
全長：数十cm
宿主：植物一般
分布：アジア、アメリカ

夏から秋にかけて野山を散策していると、黄緑がかった拉麺(ラーメン)のようなものが草や低木の全体を覆っている様子を目にすることがある。漢字で書くと「根無葛」。その名前が示す通り、根のないつる性の寄生植物だ。根のみならず、葉も退化した鱗片(りんぺん)状で申し訳程度の大きさのものしか持たない。

土から這い出て宿主を求めるネナシカズラの幼植物。

草木に這い寄る縮れ麺

ネナシカズラは1年生で、夏に花をつけ秋には実を作る（この果実は菟糸子という滋養強壮の生薬として利用されている）。越冬した種子から発芽した幼植物には初め根があるが、つるが伸びて手近な草木に巻き付くと、各所から寄生根という特殊な根を宿主の維管束に食い込ませ、土の中の根は枯らしてしまう。土との関係が失われた後は、宿主の上で一生を送る。

ネナシカズラは光合成に必要な葉緑素をほとんど持っておらず、すべての栄養を宿主に依存している。そのため、発芽した幼植物は弱々しく、種子に溜め込んだ栄養と水分を使い尽くす前に宿主にたどり着けなければ枯れてしまう。ただ、最初の寄生の確率こそ低いものの、一度寄生に成功したネナシカズラの生長速度は驚異的だ。次々と寄生を繰り返し、宿主を雁字搦めにしながら全体を覆っていく。隣に他の植物があれば、渡り歩いてその植物にも寄生する。あまりに生長が良すぎてしまい、宿主が衰弱死して共倒れになることもしばしばだ。農作物に寄生して大きな被害を出すこともあるが、取り除いても植物体の一部さえ残っていればそこからまたつるを伸ばして生長していくため、完全な駆除は難しい。

ネナシカズラの幼植物は空気中に漂う化学物質の匂いを頼りに、つるを好みの宿主の方へ伸ばしていくらしい。匂いに誘われ宿主に這い寄り、縛り上げ、穿った穴から栄養を搾り取る——見た目は草むらにぶちまけられた拉麺のようであっても、やっていることはわりとおぞましい寄生植物である。

宿主を雁字搦めに
するネナシカズラ。

参考文献（一部）

『岩波 生物学辞典　第５版』（岩波書店）2013
『絵でわかる寄生虫の世界』（講談社）2016
『おはよう寄生虫さん　世にも不思議な生きものの話』（講談社）1996
『寄生虫学テキスト　第３版』（文光堂）2008
『寄生虫館物語　可愛く奇妙な虫たちの暮らし』（ネスコ）1994
『寄生虫のふしぎ　頭にも？ 意外に身近なパラサイト』（技術評論社）2009
『寄生虫ビジュアル図鑑　危険度・症状で知る人に寄生する生物』（誠文堂新光社）2014
『寄生虫病の話　身近な虫たちの脅威』（中公新書）2010
『魚介類の感染症・寄生虫病』（恒星社厚生閣）2004
『改訂・魚病学概論 第２版』（恒星社厚生閣）2012
『最新 家畜寄生虫病学』（朝倉書店）2007
『新魚病図鑑』（緑書房）2006
『図説人体寄生虫学　改訂９版』（南山堂）2016
『セミヤドリガ　日本の昆虫７』（文一総合出版）1987
『日本における寄生虫学の研究』（目黒寄生虫館）1961-1999
『はらのむし通信』（目黒寄生虫館）2000-2016
『目黒寄生虫館月報／ニュース』（目黒寄生虫館）1959-1998

参考サイト

水産食品の寄生虫検索データベース
http://fishparasite.fs.a.u-tokyo.ac.jp/

監修者紹介

公益財団法人 目黒寄生虫館

1953年、医学博士亀谷了(かめがいさとる)（1909-2002）の創意と私財投入によって東京・目黒に設立された世界でも珍しい寄生虫に特化した研究博物館。研究活動、展示解説、教育普及、標本収集・整理・保存、出版活動、教育用標本の頒布など、寄生虫に関する幅広い活動を行っている。

ホームページ：http://www.kiseichu.org/

入館料　：無料

開館時間　：10時～17時

休館日　：毎週月曜日・火曜日／年末年始
（月曜日・火曜日が祝日の場合は開館し、直近の平日に休館）

交通　：JRほか各線目黒駅西口より徒歩15分。
もしくは、バス「大鳥神社前」停留所下車

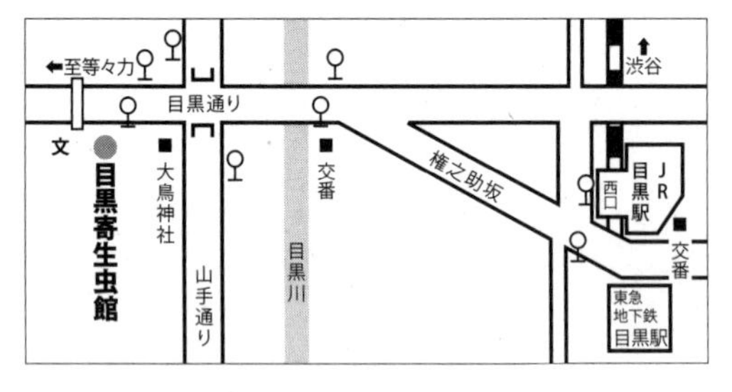

執筆者紹介

大谷智通（おおたに ともみち）

書籍ライター・編集者。1982年兵庫県生まれ。東京大学農学部卒業後、東京大学大学院農学生命科学研究科水圏生物科学専攻修士課程修了。大学では魚病学研究室に所属し、当時研究室の教授であった小川和夫氏（現・目黒寄生虫館名誉館長）のもとで魚介類の寄生虫病の研究を行っていた。出版社勤務を経て2014年よりフリーランス。活動の拠点として「スタジオ大四畳半」を設立し、書籍のライティング・編集・エージェンシーなどを手がける。

佐藤大介（さとう だいすけ）

漫画家・イラストレーター。1976年宮崎県生まれ。東京大学文学部国史科卒業後、2002年よりフリーランスとして活動。スタジオ大四畳半に所属し、漫画のほか書籍や雑誌のカバーイラスト・挿絵なども多数手がける。

スタジオ大四畳半

書籍の企画・編集・執筆などを行っている創作ユニット。著書に『マンガ はじめての生物学』（講談社）、『寄生蟲図鑑　ふしぎな世界の住人たち』（監修：目黒寄生虫館、飛鳥新社）などがある。
ホームページ：http://daiyojyouhan.com

NDC481 143p 19cm

増補版 寄生蟲図鑑 ふしぎな世界の住人たち

2018年1月25日 第1刷発行
2024年7月18日 第7刷発行

監修者 公益財団法人 目黒寄生虫館
著 者 大谷智通
作 画 佐藤大介
発行者 森田浩章
発行所 株式会社 講談社
〒112-8001 東京都文京区音羽2-12-21
販 売 (03) 5395-4415
業 務 (03) 5395-3615

KODANSHA

編 集 株式会社 講談社サイエンティフィク
代表 堀越俊一
〒162-0825 東京都新宿区神楽坂2-14 ノービィビル
編 集 (03) 3235-3701

装 幀 芦澤泰偉＋五十嵐 徹（芦澤泰偉事務所）
本文データ制作 五十嵐 徹（芦澤泰偉事務所）
印刷所 大日本印刷株式会社
製本所 大口製本印刷株式会社

Printed in Japan
ISBN 978-4-06-153161-1